植物は〈知性〉をもっている

20の感覚で思考する生命システム

ステファノ・マンクーゾ＋アレッサンドラ・ヴィオラ
マイケル・ポーラン 序文
Stefano Mancuso, Alessandra Viola, Foreword by Michael Pollan
久保耕司 訳 *Koji Kubo*

VERDE BRILLANTE
Sensibilità e intelligenza del mondo vegetale

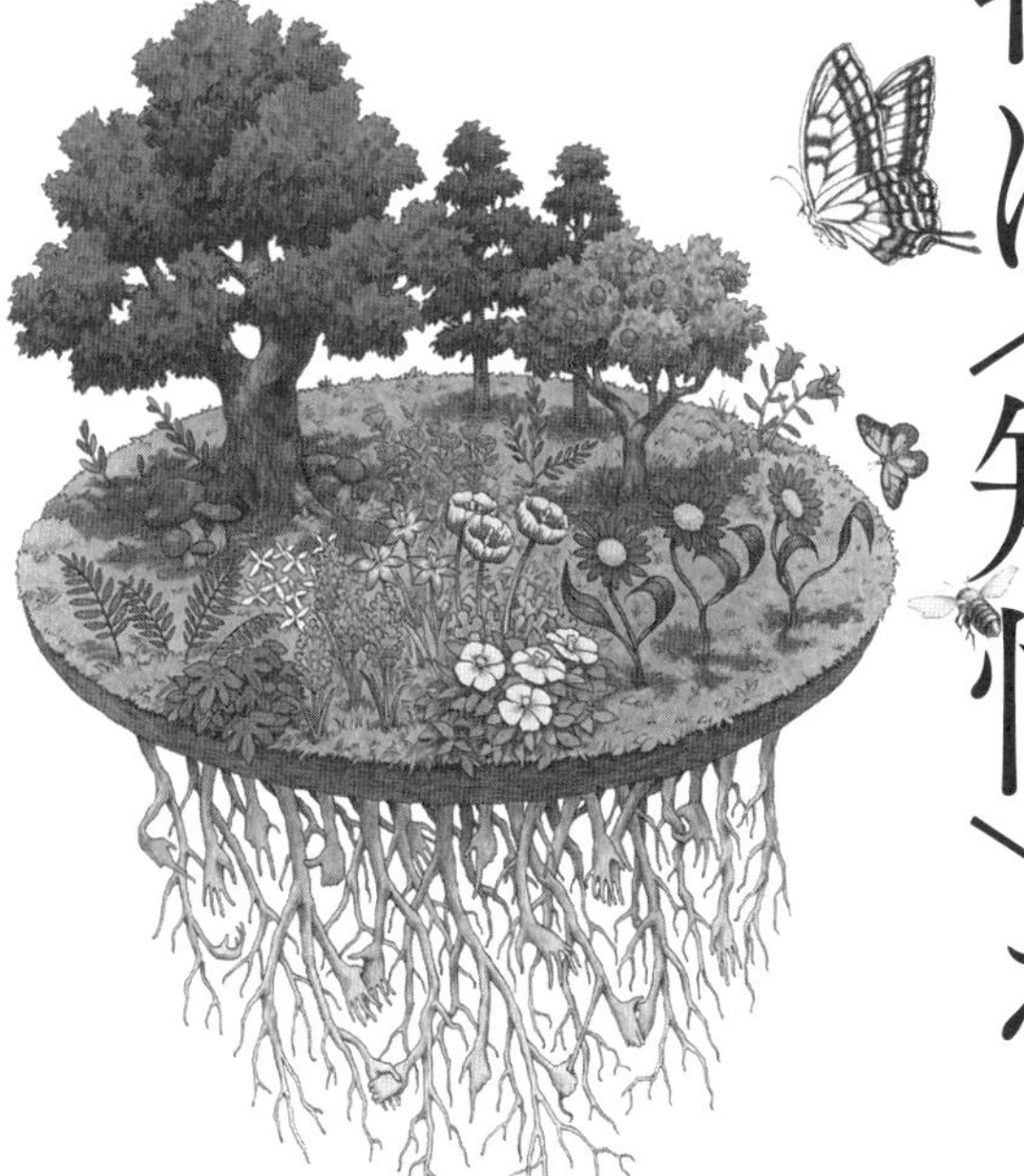

NHK出版

装画　村尾　亘
装幀　加藤愛子

植物は〈知性〉をもっている　目次

◉本文中、（　）は原注、〔　〕は訳注を表す。
また、書名は、未邦訳のものは初出に原題とその逐語訳を併記した。

序文

マイケル・ポーラン

植物について考えてみようとしても、大半の人は、「口がきけず動きもしない、私たちの世界の調度品」にすぎないと思うことだろう。役に立ち、総じて魅力的ではあるが、しょせん地球上の生物の国の二級市民にすぎないとみなしているのだ。私たちは、人間の驕《おご》りという高い垣根を想像力で飛び越える必要がある。さもないと、自分たちが植物に完全に依存しているということも、植物は見た目ほど〝受け身〟ではなく、むしろ彼らの世界、さらには私たちの世界のドラマにおける〝したたかな主人公〟なのだということも、理解できないだろう。

本書『植物は〈知性〉をもっている』は、その垣根を越えるための助けとなり、何もかもが（私たち人間自身も）これまでとはちがって見える世界へと私たちをいざなってくれる。おそらく読者は、本書を読み終えたときに、こんなふうに確信しているはずだ。植物には知性——そう、知性——があり、そのおかげで生命のゲームに勝利を収めてきたのだ、と（その様は私たち人間のゲームよりはるかに驚異に満ちている)。私たちがそのことを認めようとしないのは、傲慢さのせいだ。そして、植物が私たちよりもはるかにゆっくりとした時間軸で生きているためでもある。地球上のあらゆる環境を支配している植物は、地球上の多細胞生物の九九%を占めている。この知的興奮に満ちた本書の言葉によれば、人間をはじめとする動物は、植物と比較すると、「ごくわずかな割合しか占めていない」。

著者ステファノ・マンクーゾは、「生物のはしごのなかで植物の位置を高めることは、いつも私を喜ばせた」〔『ダーウィン自伝』八杉龍一・江上生子訳、筑摩書房〕という言葉で有名なチャールズ・ダーウィン以来の、雄弁かつ熱烈な植物の擁護者である。また、植物生理学者のマンクーゾは、まだまだ歴史が浅いが物議を醸しはじめている「植物の知性」という分野を代表する研究者でもある。多くの植物学者にとって、「知性」という言葉を使うのは不適切で大げさに思えるだろうが、知性は「生きているあいだに生じるさまざまな問題を解決する能力」であると定義すれば、植物にその能力がないと考えること自体に無理がある。私たちは「知性」や「学習」「記憶」「コミュニケーション」といった言葉を、動物の専売特許であるとかたくなに信じようとするが、本書を読めば、それらはすべて、人間だけではなく植物にも共通する性質だとわかるだろう。

私がはじめてステファノ・マンクーゾに会ったのは、『ニューヨーカー』誌に寄稿するため、植物の知性に関するリサーチを行なったときだった。二〇一三年、マンクーゾが所長を務める「フィレンツェ大学国際植物ニューロバイオロジー(神経生物学)研究所」という挑戦的な名前の研究所でのことだ。マンクーゾの主張によると、人間が植物の生命を正しく認識できない理由は、彼が十代のころに読んだあるSF小説に書かれていたという。その小説によると、高速の次元に生きるエイリアンの種族が地球にやってきたが、人間の動きをまったく感知できなかったために、人間は「自力で動こうとしない物質である」という論理的な結論をくだした。そして容赦なく人間から搾取《さくしゅ》したのである（その後、マンクーゾは、この話が初期の『スター・トレック』の「惑星スカロスの高速人間」というエピソードの断片的な記憶に基づいていることに気づいた。ネットで簡単に検索できるので、ぜひご覧いただきたい）。

そうして翼の生えた想像力は、マンクーゾに植物の視点を与え（そこから見た人間は、高速の世界を生きる無頓着で傲慢な生き物だ）、彼を研究へと向かわせた。そして、サイエンス・ライターのアレッサンドラ・ヴィオラとのすばらしい共著『植物は〈知性〉をもっている』を生みだした。

本書はけっしてSF小説ではない。ここに書かれていることすべてに裏づけとなる科学的根拠がある。いっぽうで、本書は最高の科学と同じく、力強い想像力の産物であり、この世界を一点の曇りもない、まったく新しい視点から見つめる力をもっている。しかも、その視点を読者にも与えてくれる。

二、三時間ほど、慣れきった人間中心主義を忘れて、豊かで驚異に満ちあふれた別世界へと足を踏み入れてみよう。けっして後悔することはないだろう。その世界から戻ってきたときには、あなたの考えは以前とはがらっと変わっているはずだ。

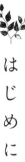

はじめに

植物は知性をもっているのだろうか？　問題を解決する能力はあるのだろうか？　まわりの環境やほかの植物、昆虫、高等動物とコミュニケーションをとっているのだろうか？　それとも、受動的な生き物で、感覚をもたず、個体として自発的に行動することも、社会的に行動することも、まったくないのだろうか？

これらの問いに答えるには、古代ギリシア時代にまでさかのぼる必要がある。その当時、すでに同じような疑問が呈され、さまざまな学派の哲学者たちが熱く議論を交わしていた。彼らは、植物に「魂」があるかどうかで対立していたのだ。なぜ、そこまで議論を戦わせていたのだろうか？　そして何よりも、何世紀ものあいだに数々の科学的な発見が行なわれたというのに、現代でもいまだに植物の知性についての問題がきちんと解決されていないのはどうしてなのか？　驚くことに、植物に関する学説の多くは、大昔も今も変わっていない。しかも、そうした学説の土台にあるのは科学などではなく、私たちが共通して抱いている思いこみや、数千年のあいだに文化の一部になってしまった先入観なのである。

植物の世界は、ただ表面的に観察しただけでは、複雑さのかけらもない、まったく単純な世界に見えるかもしれない。いっぽうで、こうも考えられる。じつは植物は感覚をそなえた生物で、コミュニケーション能力があり、社会的な生活を送っており、優れた戦略を用いて難題を解決することができる、と。一言でいえば、植物は「知性」をもっているということだ。そうした考えは、何世紀ものあいだ、さまざまな時代や文化のなかで、ときどきちらりと顔を出してきた。植物は、一般的に考えられているよりも、ずっと優れた能力をもっていると確信していた哲学者や科学者もいる（有名な名前をいくつかあげると、プラトン、デモクリトス、リンネ、ダーウィン、フェヒナー〔グスタフ・テオドール・フェヒナー。十九世紀のドイツの物理学者、哲学者〕、ボース〔ジャガディッシュ・チャンドラ・ボース。十九〜二十世紀のインドの植物生理学者、科学者〕などである）。

二十世紀半ばまで、植物の知性というテーマにとりくんできたのは、天才的ともいうべき直感をもった者だけだった。ところが、この五十年のあいだに多くの発見があった。そして今日ようやく、この問題に光が当てられるようになり、今や植物の世界を新たな目で見る必要が出てきた。本書の第1章では、植物に知性があることを否定する根拠は、科学的なデータなどではなく、じつは数千年まえから人類の文化に巣食っている先入観や思いこみにすぎないことを明らかにする。この状況は現代でも変わっていない。しかし、今こそ私たちの考え方を思いきって変えるチャンスだ。植物は予測し、選択し、学習し、記憶する能力をもった生物だということが、この数十年に蓄積された実験結果のおかげで、ようやく認められはじめている。たとえばスイスは、数年まえに冷静な議論を重ねた結果、植物の権利を認める世界初の国になった〔二〇〇八年にスイス連邦倫理委員会は、植物に一定の尊厳を認める指針を出した。本書二〇四ページ参照〕。

　ところで、いったい植物とはなんなのだろう？　植物の体はどのようにできているのだろうか？　人間は地上に現れたときからずっと植物とともに生きてきたが、植物のことがよくわかっているとはいえない。これは科学や文化だけの問題ではない。いちばんの理由は、人間と植物の進化のしかたがちがうことにある。

　人間の体の各器官はそれぞれ一つずつしかなく、とりかえがきかない。そのため、体を切り分けることなどできない。これはほかのすべての動物も同じだ。でも、植物はちがう。

　植物は固着性（移動できないということ）をもつ生物であり、動物とはちがう方法で進化し、モジュール構造〔たくさんの構成要素が機能的にまとまった構造で、各部分は交換可能〕でできた体をもつようになった。つまり、植物の体には、動物にあるような個々の器官はそなわっていない。植物がこのような「解決法」を選んだ理由は明らかだ。もし植物が私たちと同じような体のつくりをしていたらどうなるだろう？　私たちのように替えのきかない器官からなる体をしていたなら、草食動物に噛《か》まれただけで、植物はたちまち死んでしまうだろう。

　これが植物と動物の本質的なちがいである。このちがいが大きな障害となって、私たちは植物を深く理解することもできなければ、知的存在として見ることもできないのだ。これについては、第2章でくわしく見ることにしよう。第2章では、植物は動物とちがい、体の大部分を失っても生きられるという点についても説明する。植物は、「司令センター」を無数にもつ分割可能な生物であり、インターネットによく似たネットワーク構造で成り立っている。これからの人類の未来にとって、植物をよく理解することはとても重要だ。これまで人類が地球上で生きてこられたのは植物のおかげであり（光合成が行なわれてこなかったら、地球上で動物が生きるのに必要不可欠な酸素は作られていなかった）、今もなお私たちは植物に依存して生きている（植物は食物連鎖の基盤だ）。おまけに植物は、エネルギー（化石燃料など）の源でもあり、人類の文明を何千年も支えてきた。植物は、食料、医薬品、エネルギーなどのために、なくてはならない貴重な「原材料」である。今後の科学的・技術的発展は、これまで以上に植物に依存することになるだろう。

第3章では、人間のもつ五つの感覚（視覚、聴覚、触覚、味覚、嗅覚）すべてを植物ももっていることを明らかにする。もちろん植物の五感はどれも、植物ならではの発達を遂げていて、人間とはちがう。だからといって、植物の感覚があてにならないというわけではない。では、感覚をもっているという点で、植物は私たちと似ていると考えてもいいのだろうか？　もちろんそうだ。似ているどころではない。植物の感覚は人間よりもずっと鋭く、私たちのもっている五感以外に、少なくとも十五の感覚をそなえている。たとえば植物は、重力、磁場、湿度を感じて、その量や大きさを計算できるし、いろいろな化学物質の土壌含有率も分析できる。

常識ではなかなか受け入れがたい話かもしれないが、植物にも社会生活があるといえば、人間との共通点がもっとはっきりするかもしれない。第4章では、植物が自身の感覚を用いてみずからの置かれている状況を把握し、ほかの植物、昆虫、動物と互いに作用しあい、化学物質を使ってコミュニケーションをはかり、情報を交換していることを明らかにする。植物は話もできるし、自分の親族と他者とを区別することもできる。また、さまざまな性格ももっている。平和主義の植物、気前のいい植物、誠実な植物、さらには、助けてくれるものには報酬を与え、危害を加えようとするものには罰を与えるという策士までいるのだ。

このように、植物が知性をもっていることは疑いの余地がない。にもかかわらず、人間が植物の知性を否定したがるのはなぜなのだろう？　ようするに、これは言葉の問題、つまり、「知性」という言葉をどう定義するかという問題だ。第5章では、知性は「問題を解決する能力」と定義できるとしたうえで、植物は知性をもっているだけでなく、その知性は輝かしくすばらしいものであることを説明する。植物は、植物として生まれた時点で多くの不自由さを抱えている。けれども、そうした問題を見事に解決し、乗り越えていく。植物は、人間のような脳はもっていないものの、外界から与えられる刺激に対して、適切に対応することができる。植物は自分が何もので、自分のまわりに何があるのかをきちんと自覚しているのだ。

植物が一般に考えられているよりもずっと洗練された生物であることを、定量データに基づいてはじめて科学的に示したのは、チャールズ・ダーウィンだ。ダーウィンの時代からおよそ一世紀半がすぎた現在、種子植物などの高等植物に「知性」があることを示す研究はたくさんある。すなわち、植物は周囲の環境から信号を受けとり、手に入れた情報を分析し、自分の生存に必要な解決策を導き出すことができる。それだけではない。植物は、いわゆる「群知能」〔集団の個々の構成員の相互作用によって全体の協調が生み出され、高度な集団的振る舞いを可能にする知性〕ももっているという。植物は、個体としてではなく群れとして振る舞うことができる。まさにアリのコロニーや魚群、鳥の群れとまったく同じような集団的振る舞いも可能なのだ。

　植物は私たち人間がいなくても、なんの問題もなく生きることができるのに、私たちは植物なしではたちまち絶滅してしまう。ところで、イタリア語でもほかの多くの言語でも、かろうじて生きている状態をさして「植物人間」とか「植物状態」とかいった表現をする。

「植物状態だって？　いったいだれに向かっていってるんだ？」。植物が人間の言葉を話せたなら、そんなセリフが真っ先に飛び出してくるかもしれない。

第1章 問題の根っこ

〃はじめに緑があった。つまり植物細胞の混沌があった。それから神は動物を創造した。最後に、神は動物のなかでもっとも優れたものを創造した。すなわち、人間である〃〔『旧約聖書』「創世記」冒頭部のもじり〕。多くの世界創造神話と同じように、『聖書』においても、人間は神の御業《みわざ》によって生まれたもっとも崇高なものとして、選ばれた存在だ。人間が登場するのは、天地創造もほとんど最終段階に入り、人間のためにすべてが整えられたあと。つまり、「森羅万象の主人」たる人間に支配されるすべてのものが準備されてから、人間はようやく世界に現れる。

よく知られているように、神の仕事は七日間で成し遂げられた。植物は三日目に創造されたが、生き物のなかでもっともおごった存在である人間が世界に登場したのは、六日目になってからだ。生き物の登場の順番は、現在定説になっている科学的な見解とある程度一致している。その定説によれば、光合成を行なうことのできる最初の生細胞は、三十億年以上もまえに地球上に現れたという。いっぽうで、最初のホモ・サピエンス、つまり、「現代人」が二十万年以上まえ（進化の時間においては、ほんのわずかな時間にすぎない）に存在していた痕跡はないそうだ。そのように、生き物のなかでいちばん遅れて登場したにもかかわらず、人間は特権意識を抱きつづけている。進化論に関する現在の定説によって、人間は生き物のなかでも「いちばんの新参者」だというかなり評価の低い立場に追いやられ、「世界の支配者」どころではなくなったはずなのに。あらゆる文化において、人間がもっとも優れた生物であると当然のように信じられているが、ほかの種よりも人間の方が生まれながらにして優れているという根拠はどこにもない。

じつは、植物にも「脳」や「魂」がそなわっているという考えや、もっとも単純な植物でさえも外界の刺激に反応する能力をもっているという考えは、何千年ものあいだ、数多くの哲学者や科学者によって示されてきた。プラトン、デモクリトス、フェヒナー、ダーウィンなど（これはほんの一例だ）、どんな時代にも天才といわれる人々のなかには、植物には知性があるという説を支持する者がいた。植物には感覚があるという者もいた。さらには、植物は「逆立ちした人間」であると考える者もいた。すなわち、頭を土のなかに突っこみ、逆立ちした人間にできないことはできないものの、それ以外ならなんでもでき、感覚や知性もある、というわけだ。

実際、多くの偉大な思想家が、植物の知性を論じ、文書に残している。それでも、いまだに、植物は知性の点で劣った存在だ、あるいは無脊椎《せきつい》動物と同じ段階にさえ進化していないといった考えがはびこっている。「進化の階段」において、植物は石や岩などの動かない物体のすぐ上に位置しているにすぎないという信念は、どんな文化にも根強く残っている。こうした信念は、私たちの心に深く根づいているが、それはあくまでも仮定でしかない。にもかかわらず、日常生活のなかにもたえず顔を出してくる。実験と科学的発見がくり返され、植物に知性があることを支持する声があがればあがるほど、それに反対する声もますます大きくなる。まるで暗黙の協定でもあるかのように、宗教、文学、哲学、さらには科学までもが手を組んで、植物はほかの種よりもレベルが低い生物である（少なくとも「知性」の点では劣っている）という考えを西洋文化に広めようと動いたのだ。

植物は生物ではない？

「それぞれの鳥、それぞれの家畜、それぞれの地を這うものが、二つずつあなたのところへ来て、生き延びるようにしなさい」（「創世記」六章二十節）。神はノアにそういって、生き物たちが地球上でずっと生きていけるように、大洪水から何を救うべきかを指示した。大洪水が起こるまえに、ノアはその聖なる命令にしたがい、鳥、動物、そのほか動くことのできるすべての生き物を箱舟に乗せた。種が繁殖できるように、「清い」動物も「清くない」動物も雌雄のつがいで乗せたのである。では、植物は？　植物については言及されていない。『旧約聖書』では、植物の世界は動物の世界と同等とはみなされていない。それどころか、まったく考慮に入れられていない。はたして植物は大洪水によって絶滅してしまうのか？　それとも石ころなど、ほかの動かない物体のように生き延びることができるのか？　その身は運命にゆだねるしかないのである。聖書のなかでは植物についての記述はあまりに乏しく、なんの心配もされていないようだ。

けれども、聖書を読みすすめると、この物語にはいくつかの矛盾が潜んでいることがわかる。最初の矛盾は、この節のすぐあとに現れる。箱舟が長いあいだ漂流したのち、何日も降りつづいた雨がようやく上がると、ノアは、世界がどうなったのか知ろうとして一羽の鳩を空に放つ。大地は水の上に顔を出しているのか？　近くに陸地はあるのか？　そこに人間が住むことはできるのか？　すると、くちばしにオリーブの葉をくわえた鳩が戻ってくる。それは、ノアのすべての質問に対する答えだった。ノアは、その植物を見て、ふたたび水の上に顔を出している陸地があること、大地の上で生き物がふたたび暮らせるようになっていることを確信した。つまりノアは、植物なしでは地球上に生物が存在できないことをよく知っていたのだ（はっきりと断言しているわけではないが）。

鳩が持ち帰った情報は、すぐに正しいとわかった。まもなく地上の水はすっかり乾いたからだ。箱舟はアララト山に乗り上げていた。偉大な族長ノアは上陸し、動物たちを舟から下ろし、神に感謝の祈りを捧げた。こうして、ノアはすべての使命を果たした。自由になったノアが最初にしたことは何か？　それはブドウの木を植えることだった。でも、ブドウの木のことは、ここまでどこにも書かれていない。いったいノアはこの木をどこからもってきたのだろうか？大洪水に先だって、ノアがブドウの木も箱舟に積みこんでいたのは明らかだ。木は、生物の仲間には入らないとしても役に立つものだと、ノアにはわかっていたのだろう。

とはいえ、『旧約聖書』の読者は、知らず知らずのうちに「植物は生物ではない」という考えを受け入れていくことになる。「創世記」では、オリーブの葉とブドウの木に、生と再生の象徴という価値が与えられてはいるが、植物全般については、まったく生物とはみなされていない。とはいえ、植物を生物と認めていないのはキリスト教だけではない。ほかの宗教にも同じことがいえる。その一つがイスラム教だ。イスラム教には、アラーもどんな生き物も絵に描いてはいけないという戒律がある。そのため、イスラム美術では、植物や花を描くことに力が注がれてきた。表現に凝りすぎたせいか、花の描写は様式化され、ほとんど文様のようになっている。イスラム美術で花の描写に情熱が傾けられてきたのは、植物は生物ではないと確信していたせいである。そうでなければ、植物の絵を描くことも禁じられたはずだ。じつは、イスラム教の聖典『コーラン』に、生物の絵を描くことを禁じる記述はない。この戒律は、『コーラン』の法解釈の土台である『ハディース』（預言者ムハンマドの言行録）を通して伝えられてきた。イスラム教では、アラーのほかに神はなく、アラーが万物の源であり、すべてがアラーの顕《あらわ》れであるとされている。でも、植物はそこから外されているらしい。

けれど、すべての宗教が、植物を下に見ているわけではない。たとえば、ネイティブ・アメリカンや世界各地のさまざまな先住民のように、植物を神聖なものとみなしている人々もいる。人間は植物を見くだしてみたり、もち上げてみたり……。両者の関係はまったく複雑なものといえる。たとえば、キリスト教と同じく『旧約聖書』を聖典とするユダヤ教では、理由もなく木を切ることが禁止され、「樹木の新年《トゥ・ビ・シュバット》」〔春の到来を祝い、樹木に感謝を捧げるユダヤ教の祭日〕が祝われている。どうして、このような人間と植物の相反する関係性が生まれたのだろう？　それは、地球上で生物が生きていけるのは植物のおかげであるという事実を、表面的には頑固に認めていないにもかかわらず、心の奥底では、植物なしでは生きていけないとわかっているからなのだ。

植物（正確には、一部の植物）を神聖なものとする宗教があるいっぽうで、嫌ったり、悪魔呼ばわりしたりする宗教もある。たとえば、キリスト教の異端審問で魔女として告発された女性たちは、植物を使って秘薬を作っていると信じられていた。そのため魔女たちといっしょに、なんと、にんにく、パセリ、フェンネルまでもが裁判にかけられたのだ！　いっぽう向精神性の効果をもつ植物は、今日でも特別な扱いを受けている。禁止されている植物もあれば（しかし、自然に生きている動物や植物を禁止するとはどういうことなのか？　そんなことができるのだろうか？）、制限されているものもあり、神聖なものとして部族の儀式でシャーマンに使用される植物もある。

昔からはびこる誤解

憎まれたり愛されたり、無視されたり聖なるものとみなされたり、植物は人間にさまざまな扱い方をされているが、ともかく私たちの生活の一部であることはまちがいないだろう。そう考えると、芸術、フォークロア（民間伝承）、文学とも関わりをもっているはずではないだろうか。そもそも芸術家や作家は、作品を創作する際には想像力を駆使して一つの世界を作り上げる。では、その世界で、植物はどのように扱われているのだろう？

重要な例外もなくはないが、一般的に小説家は、植物を丘や山脈と同じように、動かず、無生物的で、受動的な風景の一要素として描写しているようだ。

では哲学は、植物をどう見てきたのだろう？　すでに述べたとおり、優れた哲学者たちはこれまで数千年にわたり、植物の性質について議論を戦わせてきた。すでに紀元前数世紀には、植物にも生命（もしくは「魂」。当時はそう呼ぶ方が好まれていた）があるのかどうかが大問題になっていて、延々と議論がくり広げられていた。西洋哲学の起源ともいえる古代ギリシアでは、この問題について二つに意見が分かれていた。一つは、スタゲイロスのアリストテレス（紀元前三八四／三八三～三二二年）に代表される、植物は生物よりも無生物に近いという見方。もう一つは、アブデラのデモクリトス（紀元前四六〇～三六〇年）とその弟子たちのような人々の見方で、彼らは植物に敬意を示し、さらには植物を人間にたとえている。では、アリストテレスとデモクリトス、この二人の考え方をくわしく見てみよう。

アリストテレスは、魂をもっているかいないかによって、生物を分類した。彼の考える魂《アニマ》は、キリスト教における魂とは関係がなく、「生命」を意味している。「魂《アニマ》」（ギリシア語ではプシュケー）は、イタリア語の「生命がある《アニマート》」という言葉とつながりがあり、これは「動く能力をそなえている」ことを意味する言葉だ。さて、アリストテレスの著作にはこう書かれている。「魂をもつものと魂をもたないものとの相違をもっとも顕著に示すと考えられているのは、次の二つの点、すなわち動（運動変化）と感覚することである」（「魂について」中畑正志訳、『新版アリストテレス全集』所収、岩波書店）。アリストテレスは、当時の技術で可能なかぎりの観察を行なって、この定義を裏づけた。そして、植物を「魂（生命）をもたないもの」と考えたのだ。

しかし、その後アリストテレスは、考えを改めなければならなくなった。植物には繁殖能力があったのだ！　そうなると、生命をもたないとは主張できなくなる。そこでアリストテレスは、ある方法でこの問題を解決することにした。植物に低級な魂を与えたのである。それは、アリストテレスが植物のためにわざわざ考案した「植物的魂」であり、もっぱら繁殖だけが可能な魂だ。繁殖能力があるかぎり生命のない物体とみなすことはできないとはいえ、植物と無生物にそれほどちがいがあるわけでもない、とアリストテレスは結論づけたのだ。

このアリストテレスの考えは、長いあいだ西洋文化を支配しつづけた。とくに、植物学のような学問分野には大きな影響を及ぼし、その影響は啓蒙主義時代がはじまるころまで続いた。哲学者たちは、植物を「動かない」ものとみなし、仔細に考察する価値はないと考えつづけてきたのだ。

でも、古代から現代にいたるまで、植物に大きな敬意を示した者がいなかったわけではない。その一人がデモクリトスだ。

デモクリトスは、アリストテレスのほぼ百年まえの人間だが、植物をアリストテレスとはまったくちがう観点からとらえている。デモクリトスの哲学は、原子論的機械論を土台にしている。原子論的機械論を簡単に説明すると、「あらゆる物体は、原子からできている。原子は空虚のなかに存在し、たえず動きつづけている。動いていないように見える物体も、この永遠に動きつづける原子からできている」というものだ。デモクリトスは、あらゆるものは動いていると考えた。植物も例外ではない。植物も動いている。さらにデモクリトスは、木々は「逆立ちした人間」にたとえることができると考えていた。頭を地面に突っこんで足を宙に上げている人間、というわけだ。このイメージは、その後何世紀ものあいだ、何度となく歴史のなかにくり返し登場することになる。

古代ギリシアでは、アリストテレスの説とデモクリトスの説とが気づかないうちに混じりあって、一つの矛盾した植物のイメージが生まれた。植物は生命のない存在であると同時に知的な生物でもある、というイメージだ。

この二重のイメージは十八世紀半ばになっても、「体系的な植物学の父」と呼ばれるカール・フォン・リンネの心と著作のなかにまだ生きつづけていた。

植物は眠るのか

ラテン名、カルロス・ニルスソン・リンナエウス（一七〇七〜七八年）は、スウェーデン語のカール・フォン・リンネという名で知られている。医者、探検家、博物学者であり、何より植物の分類法の研究にとりくんだ人物である。そのため、「大分類学者」とも呼ばれている。でも、分類だけが彼の大仕事というわけではない。一生涯にわたってさまざまな研究活動にいそしんだリンネにとって、「大分類学者」という称号は彼のほんの一部を言い表しているにすぎない。

植物研究においては、リンネは新しいアイデアを思いつくとすぐに世の中に発表した。まず、植物の「生殖器官」と「性の体系」を分類の柱にしようと考えた。リンネの分類学はこの二つを基準にしている。その発想が認められ、リンネははじめて大学の職を得ることができたが、同時に「不道徳」だと非難されることもあった（植物に性があることはすでに知られていたが、植物の分類のために性の研究が必要だというのは、当時としてはスキャンダラスな考えだったのだ）。このように正反対の評価をされていたのはじつに興味深い。続いてリンネは、べつの革新的な理論を打ち出した。今度はそれほど非難されることはなかった。彼が自信たっぷりに、そして驚くほど簡潔に発表したのは、なんと「植物は眠る」という説だった！

一七五五年の論文「植物の睡眠」は、題名からしてそのものずばりの大胆さで、慎重さのかけらもない。当時の科学者たちは、批判や攻撃から自説を守るために、できるだけ慎重に振舞うというのが常識だったが、リンネはちがっていた。彼には自信があった。実際、当時の科学的な知識とリンネ自身による観察から、植物が眠るのは明らかだった。リンネは長いあいだ植物を観察し、昼と夜とで枝や葉の姿勢が異なることに気づき、植物は睡眠をとるという説を導き出した。現在では、睡眠という基本的な生命機能が、進化上もっとも進んだ脳の活動と深く関わっているというのが定説になっているが、リンネの時代には、まだそんなことは知られていなかったため（さらに数世紀を待たなくてはならなかった）、植物が眠るというリンネの説に異議が唱えられることはなかった。今日、リンネの説は、多くの研究者に否定されている。もし睡眠にそなわった数々の機能をリンネが知っていたなら、おそらくリンネ自身も自分の観察からちがう解釈をしていただろうし、植物が動物と同じような活動をすることも否定しただろう。

実際、べつのケースでは、リンネは植物が動物的な活動をすることをはっきり否定している。

たとえば、食虫植物のケースだ。リンネは、ハエトリグサのような、昆虫を捕食する植物についてくわしかった。ハエトリグサが昆虫を捕まえ、葉を閉じ、消化する様子を観察したこともあった。けれども、目のまえのそうした現実（動物を食べる植物の存在）は、人間が作りだした自然界の厳格なピラミッド構造（植物は、生物の最下層に追いやられている）とはまったく相容れない。では、リンネはこの矛盾をどう解決したのか？　彼は、「動物を食べる植物が存在する」という明白でシンプルな現実を受け入れるのではなく、べつの説明を見つけようと躍起《やっき》になったのだ（当時の研究者たちは、みんなこうした態度だった）。その結果、リンネは、科学的な裏づけのないままにさまざまな仮説を立てた。たとえば、「昆虫はまったく死んではいない」とか、「昆虫は自分の都合のために、自分の意思で植物のなかにとどまっている」とか、はたまた「たまたま植物の上にいただけで、引き寄せられたわけではない」とか、「植物の葉は偶然閉じたのであり、昆虫を出られないようにする力はない」といったぐあいだ。リンネは、植物が眠ると主張するいっぽうで、昆虫（動物）を食べる植物の存在を否定した。あの矛盾する植物のイメージ（無生物であると同時に知的な生物でもある）が、この偉大なスウェーデンの植物学者の心のなかにもしつこく残っていたのだ。

ここで、一八七五年に食虫植物に関する論文を発表したチャールズ・ダーウィンについてとりあげてみよう。そうすれば、一人の科学者がなぜ動物を捕食する植物の存在を認めるようになったのかがよく理解できるだろう。ダーウィンは「食虫植物」の存在を最後には認めることになる。しかし、その偉大なダーウィンでさえも、はじめは慎重な態度をなかなか崩すことなく（もともと慎重な性格でもあった）、時間をかけて食虫植物の存在を受け入れていった。ウツボカズラのような食虫植物を超えた植物の存在を知っていたにもかかわらず（ウツボカズラは、なんと「食虫」どころではなく、ネズミやほかの小型哺乳類のような小さな動物も捕食することができる！）。

ダーウィンのこうした態度は、考えてみればガリレオ・ガリレイや昔の科学者たちの慎重さとたいして変わらない。だから、さほど騒ぎたてることはないかもしれない。というのも、革命的ともいえる考えを、一般の人たちの共通の意識のなかに――そして、はなはだしく保守的な科学界の内部に――ゆっくりと浸透させていくことができたのは、こうした慎重な科学者たちの「外交術」のおかげなのだ。

ダーウィンの話をはじめるまえに、リンネに少し戻って考えてみよう。リンネは、植物が眠るということを堂々と主張することができた。しかも、科学界から迫害されたり追放されたりすることもなかった。どうしてか？　答えは簡単。「植物が眠る」というのは、まったく根拠のない理論で、わざわざ反証するまでもないと考えられていたからだ。それに、睡眠に特別な機能があると知られていない時代に、植物は眠るのか眠らないのかという問題など、いったいだれが重視するだろう？

今日では、睡眠という生理的なプロセスが、生命と脳にとって重要であることは、よく知られている。でも、たった十年ほどまえまでは、睡眠をとるのは高等動物だけだと考えられていた。それに異議を唱えたのが、イタリアの神経科学者ジュリオ・トノーニだ。二〇〇〇年にトノーニは、ショウジョウバエのような非常に単純な昆虫でさえ、それなりの休息をとることを示した。

だとしたら、植物が睡眠をとってはいけないわけなどあるだろうか？　たしかに、植物も眠るという説は、私たちが植物に対して抱いている考えと一致していない。今日、その説が否定されているのは、ただそれだけのためなのかもしれない。

本当に人間は植物よりも進化した存在なのか？

私たち人間は、いわゆる「生物ピラミッド」（動物が上位で、植物が下位に位置するという考え方）を、何世紀にもわたって信じつづけてきた。これはまったく残念なことだ。「生物ピラミッド」は、ルネサンス期のフランスの数学者・哲学者のシャルル・ド・ボヴェル（一四七九〜一五六七年）が一五〇九年に出版した、『知恵の書（*Liber de sapiente*）』にも掲載されている。「生物ピラミッド」がどのようなものかは、実際に『知恵の書』に掲載された、啓蒙を目的とする絵（左ページ）を見ていただいた方がよくわかるだろう。この絵は、生きている種と生きていない種を発達段階ごとに整理している。最初の段階（最下段）は石で、「Est（存在する）」と

シャルル・ド・ボヴェル『知恵の書』に掲載されている「生物ピラミッド」。私たちが自然界についていまだに抱いている考え方と非常によく似ている。

いう碑銘がつけられている。つまり石は存在する。ただそれだけであり、それ以上の属性はない。続いて植物。「Est et Vivit（存在し、生きている）」、つまり植物は存在し、なおかつ生きているが、それ以上のものではない。その次の段階は動物で、「Sentit（感じる）」と記されている。つまり動物は感覚をもっている。そして、最後は人間にいたる。「Intelligit（知能をもつ）」、つまり人間だけが理解力をもっている、ということだ。この絵は、生き物のあいだには進化段階のちがいや生命能力の上下があるという、ルネサンス的な観念の原型だが、同じ考え方は現代にも蔓《まん》延《えん》している。それはまた私たちの文化の土壌の一部になっていて、一八五九年の『種の起源』の出版から百五十年経った今でも、無視することはできない。チャールズ・ダーウィンの『種の起源』は、地球上の生物について理解するための基本文献だ。この非常に重要な書物について、偉大な生物学者テオドシウス・ドブジャンスキーは「進化の光なしでは、いかなる生物学も意味をもたない」と評している。

ダーウィンはイギリスの偉大な研究者で、生物学、植物学、地質学、動物学の分野で活躍した。ダーウィンの理論は、科学分野における人類の遺産といえる。ダーウィンによって科学は大きな進歩を遂げた。それでも「植物は受動的な存在で、感覚をもたず、コミュニケーション、行動、計算の能力をまったくもっていない。これは完全に誤った進化の道筋をたどった結果である」という考えは、残念ながら現代の科学界にもしつこく根づいたままだ。

こうした植物観がまったくの的外れであることをはっきりと証明したのがダーウィンだ。なぜなら、彼こそが、中途半端に進化した生物など存在しないと主張しているからだ。ダーウィンの考えはこうだ。「地上に現在生息している生物はどれも、それぞれの進化の道筋の最先端に位置している。さもなければ、すでに滅んでいたはずだ」。これは非常に重要な推論だ。なぜならダーウィンにとって、進化の道筋の最先端に位置しているというのは、進化の過程において驚異的な適応能力を発揮したということなのだから。

つまり、天才的な自然科学者ダーウィンは、植物が非常に洗練された複雑な生物であり、一般に考えられているよりもはるかに優れた能力をそなえていることを、はっきりと理解していたのだ。ダーウィンは植物の研究に人生の大半を捧げ、数多くの業績を残している（六巻の著作とおよそ七十本の論文）。不滅の名声をもたらした進化理論について実例をあげて説明する際に、植物を使ったこともある。けれども、ダーウィンの膨大な植物研究は、しょせん、彼の偉業のおまけにすぎない、と考えられていた。それまで植物についての科学的研究が乏しかったので、必要になってちょっとかじってみただけ、というわけだ。

たとえば、アメリカの植物学者ドゥエイン・アイズリーは、一九九四年の著書『植物学者一〇一人（*One Hundred and One Botanists*）』で、次のように述べている。

ダーウィンについては、ほかのどんな生物学者よりも多くのことが書かれてきた。……だが、彼が植物学者の衣をまとって現れることはめったになかった。……ほとんどすべてのダーウィン主義者が、彼が植物の研究を行ない、多くの書物を著したと言及している。そのなかには、次のようにいう者もいる。「そうですね、偉人もときには気晴らしをする必要がありますからね」

とはいえダーウィン自身、植物はこれまで出会ったなかでもっとも驚くべき生物だと、くり返し書いている（「生物のはしごのなかで植物の位置を高めることは、いつも私を喜ばせた」と自伝のなかで告白している）。一八八〇年に出版された植物学の基本文献『植物の運動力』では、植物が優れた能力をもった生物であるという説をさらに膨らませている。ダーウィンは、自然を観察して、そこに推定的に法則を当てはめるという古い手法を用いる科学者だ。ひたすら実験をくり返すタイプの科学者ではない。とはいえ『植物の運動力』では、息子フランシスといっしょに無数の実験を行ない、得られた結果を解釈し、植物が動く様子を細かく記述している。そして、植物の運動の大部分は、地上に出ている部分ではなく、地中の根と関係していると結論づけ、植物の根は「司令センター」のようなものだとまで考えるようになった。

ダーウィンのどの著作でも、いちばん重要なのは最終段落だ。彼はとりあげたテーマについて、最終段落で決定的な考察を行ない、しかも、だれもが理解できるようにやさしく表現している。その見事な例が、『種の起源』の有名なエピローグだ。

……この生命観には荘厳さがある。生命は、もろもろの力と共に数種類あるいは一種類に吹き込まれたことに端を発し、重力の不変の法則にしたがって地球が循環する間に、じつに単純なものからきわめてすばらしい生物種が際限なく発展し、なおも発展しつつあるのだ〔『種の起源』(下)、渡辺政隆訳、光文社古典新訳文庫〕。

これと同じように、『植物の運動力』の最終段落も重要だ。そこでダーウィンがはっきり述べているのは、根には下等動物の脳に似た何かがあると確信したという点だ（これは重要な主張なので、第5章でもう一度とりあげる）。実際、植物は無数の根端《こんたん》（根の先端部）をもっているが、それぞれの根端が「計算センター」をそなえている。ここで「計算センター」という言葉を使うのは、悪意ある批評家に揚げ足をとられないためのちょっとした用心だ。ダーウィン以降、だれ一人として植物の根には本当に脳――人間の脳に似たクルミの形をした小さな脳――があると考えたり、発言したりしたことはない。ダーウィンは、本当に植物に脳があると考えたのではなく、植物の根端には、動物の脳がもつ機能の多くをそなえた植物なりの「脳に対応するもの」があるという仮説を立てたのだ。これは非常識な説でもなんでもない。

　このダーウィンの仮説は大きな可能性を秘めていた。けれども、彼は自分の考えをすぐに発表するのではなく、さまざまな著作のなかで慎重に発展させ、晩年になってからようやく『植物の運動力』の最終段落にこの仮説を記した。ダーウィンが、植物を知的生物とみなすべきだと考えていたのは確かだ。とはいえ、そうした主張が、自分の研究についての新たな論争の火種になりかねないこともわかっていた。彼は、すでに「人間の祖先はサルである」という説を防衛するという大きな課題を抱えていたのだ。そこで、植物についての仮説をさらに発展させる仕事は、ほかの研究者にゆだねることにした。とりわけ、ダーウィンの息子のフランシスがその仕事を引き継ぐことになった。

　チャールズ・ダーウィンのアイデアと研究は、息子のフランシス・ダーウィン（一八四八～一九二五年）に大きな影響を与えた。フランシスは父の研究を引き継ぎ、当時誕生したばかりの新しい学問分野である植物生理学の最初の教授になり、この分野における最初の英語論文を執筆した。「植物」と「生理学」の二つの概念を結びつけることは、十九世紀末にはまだ矛盾していると思われていた。でも、植物とその行動について、長いあいだ父といっしょに研究を続けてきたフランシスは、植物が知性をもっていると確信するようになっていた。やがてフランシスも世界的に有名な研究者になった。そして一九〇八年九月二日、英国科学振興協会の年次会議がはじまったときに、フランシスは慎重さをかなぐり捨て、「植物は知的な存在である」と堂々と発言したのだ。当然ながら、会場は騒然となった。また、フランシスは、同年の『サイエンス』誌でも三十ページ以上を費やして、さらに多くの証拠を示しながらその主張をくり返した。

フランシスのこうした主張は、たいへんな反響を呼ぶことになる。世界中の新聞で論争が巻き起こり、研究者たちは二派に分かれて対立した。いっぽうは、フランシス・ダーウィンが自説の補強のために示した証拠に納得して、植物に知性があるとすぐに信じた。もういっぽうは、植物が知性をもつ可能性を断固として受けつけなかった。まさに古代ギリシアさながらの論争となったのだ。

この論争が起こる何年もまえのこと、チャールズ・ダーウィンと頻繁に文通を行なっていた者のなかに、イタリアのリグーリア出身の植物学者がいた。この研究者は今では不当にも忘れられているが、当時はもっとも重要な植物研究者の一人とみなされていて、植物の生物学の誕

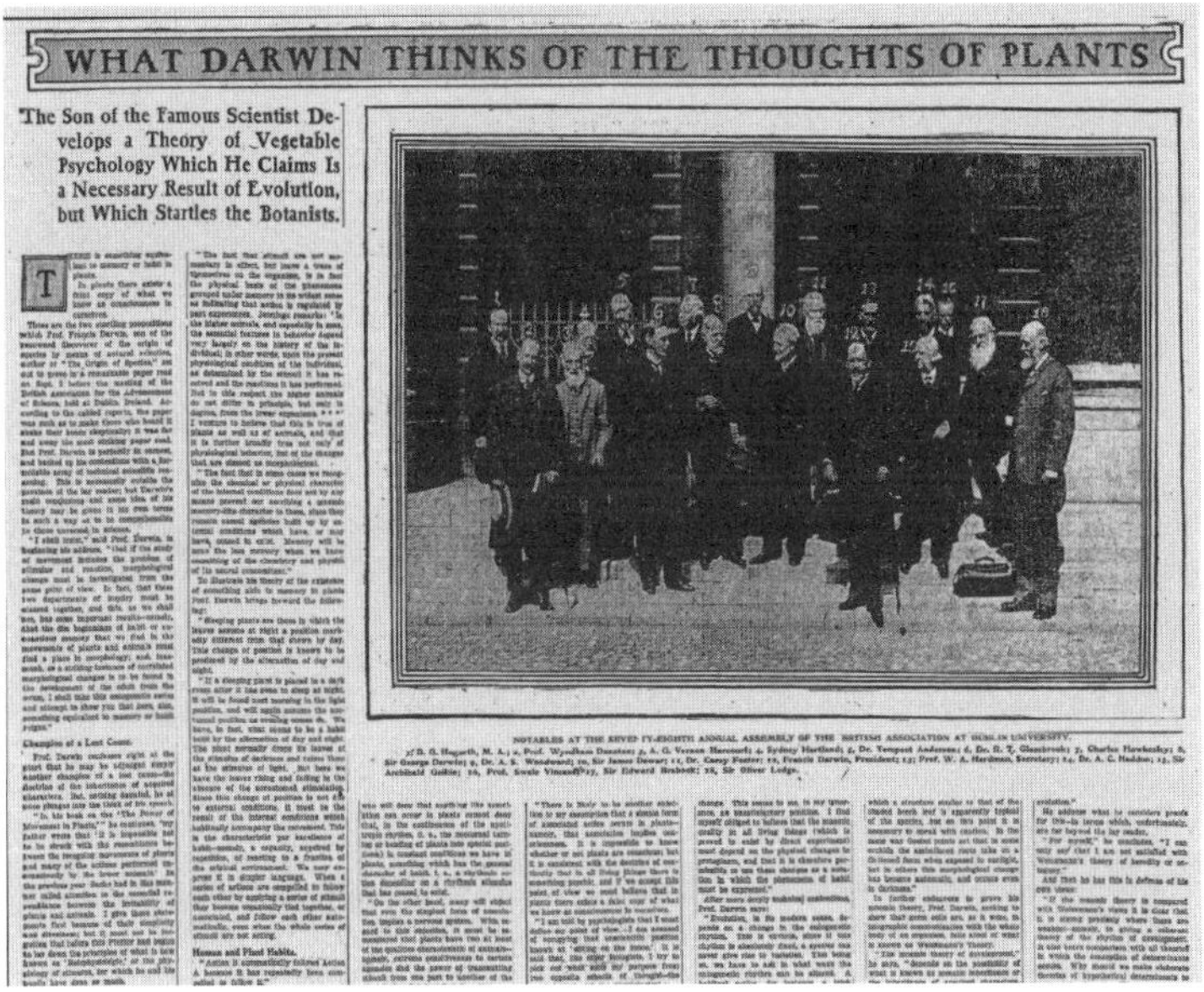
WHAT DARWIN THINKS OF THE THOUGHTS OF PLANTS

The Son of the Famous Scientist Develops a Theory of Vegetable Psychology Which He Claims Is a Necessary Result of Evolution, but Which Startles the Botanists.

『ニューヨーク・タイムズ』紙より。1908年の英国科学振興協会の年次会議で、フランシス・ダーウィンが行なった報告「植物は原初的な形式の知性をそなえている」に関する記事。

生にも貢献した人物だ。ナポリ植物園の園長フェデリコ・デルピーノ（一八三三～一九〇五年）である。彼はダーウィンと文通を続けた結果、植物に知性があると確信するにいたり、植物の能力について野外実験を行なった。とくにデルピーノが長年とりくんだのは、いわゆる「ミルメコフィリア」、つまり、いくつかの植物によるアリとの共生についての研究だ。

　ダーウィンは、多くの植物が花以外の部分でも蜜《みつ》を作っていることをよく知っていた（もちろん大部分の蜜は花で作られている。昆虫を引き寄せて、花粉の運び屋として利用するためだ)。また、甘い蜜にアリが引き寄せられているのを観察したこともある。けれども、「花外蜜腺《かがい》」(花以外で蜜を分泌する場所)で蜜を作っているのは、本質的には老廃物を捨てるためだと確信し、この現象をくわしく研究することはなかった。しかし、デルピーノは、ダーウィンの意見にはまったく賛成できなかった。そもそも蜜というものは、植物が大きな代価を払って作る非常に栄養豊富な物質なのだ。「いったい植物はなんのために、そんな大事な蜜を捨てなければならないのか」とデルピーノは疑問に思った。ダーウィンの説明とちがうものが必要なのはまちがいない。デルピーノはアリの観察を続けた。そしてついに、アリと共生する植物が花以外の箇所から蜜を分泌するのは、アリを引き寄せて、身を守る戦略に利用するためだと結論づけた。つまり、アリは植物から蜜をもらい、そのお返しとして本物の兵士さながらに、草食性の生き物から植物を守るのだ。草の上に座ったり、木にもたれたりしたときに、攻撃的な小さなアリに嚙まれて、思わず飛びのいた経験はないだろうか? アリは、自分たちをもてなしてくれる植物を守ろうとただちに隊列を作り、敵に攻撃を加え、退却させる。こうしたアリと植物の関係は、双方にとってたいへん都合がいいといえるだろう。

多くの昆虫学者によれば、アリは知性的に行動して、自分たちに食べ物を与えてくれるものを守るという。これは、まさにデルピーノの説の裏づけとなる。けれど多くの植物学者は、デルピーノのようには考えなかった(今でもそうだ)。「植物の行動も知性的(かつ意図的)なものであり、蜜の分泌はこの変わったボディーガードを雇うための計画的な戦略である」と主張する研究者は、ごくわずかしかいなかったのだ。

植物研究は軽んじられている

ダーウィンの時代には、植物に関する実験のおかげで数多くのすばらしい科学的発見があった。とはいえ、それが動物に関する同じ研究によって「確証を得る」までには数十年かかった。これはべつに驚くことではない。いくら生命の基本メカニズムについてすばらしい新発見があったとしても、それが植物にしか関わらない場合には、基本的に無視されるか過小評価されるかのどちらかだ。ところが、その発見がじつは動物にも関係するとわかったとたんに、広く知れ渡る。

そうした例をいくつか見てみよう。まずはグレゴール・ヨハン・メンデル（一八二二〜八四年）がエンドウ豆について行なった実験をあげよう。この実験は遺伝学の誕生を告げる画期的なものだが、四十年のあいだ、ほぼ完全に無視されていた。その状況は、動物の遺伝についての最初の実験が行なわれ、遺伝子がブームになりはじめるまで続いた。

次に、バーバラ・マクリントック（一九〇二〜九二年）のケースを見てみよう。彼女の場合はめずらしくハッピーエンドを迎え、「動く遺伝子」の発見によって、一九八三年にノーベル賞を受賞した。それまでゲノム（つまりある個体の全遺伝情報一式）は固定的で、一生のあいだ変化することがないと考えられていた。この「ゲノムの不変性」は、科学における触れてはならないドグマ（絶対的な教理）のようなものだった。しかし、一九四〇年代にマクリントックは、この原理はくつがえせると気づき、トウモロコシを使った一連の実験によってそのことを証明した。

彼女のこの発見は重要なものだった。それなら、どうしてノーベル賞を受賞するまでに四十年もかかったのだろう？　答えは簡単だ。植物についての発見だったからだ。おまけに「学界の正統派」に対立する発見だったことから、マクリントックは長いあいだ、学界から無視されていた。しかし八〇年代のはじめに、同様の研究が動物に対して行なわれ、ゲノムの不安定性が動物でも確認された。ようするに、マクリントックの功績が正当に評価されてノーベル賞が与えられたのは、彼女の研究がすばらしかったからというだけではなく、それが動物において「再発見」されたおかげなのだ。

もちろん、こうしたケースはほかにもある。細胞の発見（最初に発見されたのは植物細胞だ）からRNA干渉（この発見で、二〇〇六年にアンドリュー・ファイアーとクレイグ・メロー〔ともにアメリカの生物学者〕はノーベル賞を授与された）まで、膨大なリストができるだろう。ここでは、RNA干渉のケースについて少し触れておこう。ノーベル賞を受賞した発見は、じつは線虫（カエノラブディティス・エレガンス）についてなされた「再発見」で、オリジナルは、その二十年まえにアメリカの分子遺伝学者リチャード・ジョーゲンセンがナス科の植物ペチュニアについて行なった研究だ。つまり、ジョーゲンセンのペチュニア研究は、だれからも見向きもされなかったにもかかわらず、きわめてちっぽけな線虫（小さくても動物には変わりない）に対して行なわれた同じ研究は、ノーベル生理学・医学賞を獲得したのである。

ほかにもこうした例はいくらでもある。でも、どれも意味することは同じ、つまり、植物はずっと二番手に甘んじてきたということだ。そのことは科学の世界においても変わらない。それでも、植物と動物の生理は似ているため、植物が動物の研究に利用されることは多い。植物を使った実験なら、倫理的な問題があまり起こらないと考えられているからだ。しかし、倫理的な問題が起こりにくいと本当にいえるのだろうか？　読者のみなさんには、この点について、なんとなくでもいいので疑いを抱いてほしい。

ともかく、植物が動物に従属するというのは、ばかげた考えでしかない。この考えが改められたときはじめて、動物と似ているからではなく、動物とちがっているからこそ植物の研究が行なわれるようになるだろう。実際、その方がずっと有益だ。そうなれば、研究を進めるべき新しい魅力的なフロンティアが開かれるにちがいない。けれど今の時点では、次のような疑問をもっても当然だろう。「科学分野の褒賞の大部分から植物研究が締め出されていると知りながら、優れた研究者が、わざわざ動物ではなく植物の研究に熱心にとりくむだろうか？」

これまで見てきたように、植物の過小評価は、私たちの文化によって必然的にもたらされた。

科学界にも日常生活にも共通する価値観が、植物を生物全体の最下位に追いやっている。人類の生存と未来は植物にかかっているという事実にもかかわらず、植物の世界全体が見くだされているのだ。

第2章

動物とちがう生活スタイル

人類は、地上に登場した二十万年まえから植物とともに生きてきた。気の遠くなるような長い時間だ。だれかと知りあいになるには、あまりにも長すぎる時間のように思える。けれど、私たちには充分な時間ではなかった。私たちはまだ植物の世界のことをほとんど知らない。そればかりか、初期のホモ・サピエンスがもっていた植物観を、いまだにもちつづけている。

こうした主張には根拠がないと思われるかもしれないが、じつはそうではない。簡単に確認できる。たとえば、何か動物を思い浮かべて、その特徴をあげてみよう。ここではネコを例にしてみる。ネコの特徴について、どんなことがいえるだろうか？　頭がいい、ずるがしこい、優しい、社交的、楽天家、しなやか、すばしっこい。ほかにもまだまだあげられるだろう。では次に、同じように何か植物を思い浮かべて、その特徴をあげてみよう。カシの木を例にしてみる。カシの木の特徴について、どんなことがいえるだろうか？　背が高い、日陰を作る、こぶが多い、いい香りがする……。それだけ？　ほかには？　うまく思いついたとしても、せいぜいカシの木の美しさと、何に役立つかを少し言い足せるくらいだろう。それで打ち止めだ。いずれにせよ、植物の特徴をあげるときに、「社会的次元」に関わる特徴はまったくあがらないにちがいない。でもネコだったら、「社交性がある」といえる（逆に、もし「個人主義的」という特徴をあげたとしても、それもまた周囲の環境との関わり方の表現であり、社会的次元にふくまれる）。さらには植物に対して、知性に関する特徴があがることもないだろうし（ネコなら、迷うことなく「頭がいい」といえる）、ましてやカシの木が「優しい」なんて思いつきもしないにちがいない。

でも、どうも腑《ふ》に落ちない。知性のかけらもない、愚かな生き物が、社会性も環境と関わり合う能力ももたずに、この地球で生きのび、進化することなどできるだろうか？　本当に植物がそれほどひどい生き方をしていたのなら、自然淘汰《とうた》によって、とっくの昔に絶滅していたはずではないか。

じつはすでに数十年まえに、植物は感覚をそなえていること、複雑な社会関係を作り上げていること、植物どうしや動物とのあいだでコミュニケーションをとれることが、さまざまな反証を乗り越え、科学研究によって明らかにされている。これについては第3章以降でくわしくとりあげることにする。本章では次の問いについて考えてみよう。つまり、どうして植物は人間にとって、原料、栄養源、装飾品でしかないのだろうか？　私たちが植物への一面的な見方を捨て去ることができないのは、なぜなのだろうか？

ミドリムシ対ゾウリムシ

第1章でとりあげた文化的要因だけでなく、ほかにも「進化」と「時間」という二つの要因が、私たちの植物観に影響を及ぼしている。

まずは一つめの要因「進化」について分析してみよう。そもそも進化とはなんだろう？「進化」という言葉の定義からはじめてみることにしよう。進化とは、生物がゆっくりと継続的に環境に適応していくプロセスを意味する。このプロセスのなかで、すべての生物は、生き残るためにもっとも適した特徴を選びとる。つまり進化によって、それぞれの生物種は、それぞれの生息環境に合わせて特徴や能力を獲得したり失ったりするのだ。もちろん、これはすべて、果てしなく長い時間のなかで行なわれる。ある生物種が滅び、べつの新しい生物種が現れるという大規模な種の交代が起こることもある。こうした進化によって、動物と植物は種が分かれた。そして今日、私たちが植物界について深く知ることを妨げている要因の一つが、この進化だ。もっとわかりやすく説明するために、生命のはじまりまで時間をさかのぼってみよう。

地球上に最初に登場した生物は、いくつかの原核単細胞生物である。そのなかには、ごぞんじのように藻（ラン藻類）も入っていた。つまり、植物のようなものだ。この単細胞生物が光合成によって酸素を作り出したおかげで、地球上に生物、とりわけ真核生物が広がっていくことができた。その時代も今と変わらず、植物細胞と動物細胞のあいだにそれほど大きなちがいはなかったのだ。

植物細胞は、動物細胞より構造が複雑だ。動物細胞とちがうのは、ある細胞小器官がそなわっていること。すなわち葉緑体だ。この葉緑体によって光合成が行なわれる。また、細胞全体を細胞壁がとりかこんでいて、動物細胞よりも頑丈だ。この二つのちがいを除けば、植物と動物の細胞はじつによく似ている。とはいえ、もし植物細胞と動物細胞のどちらが凝った構造になっているのかと訊かれれば、もちろん一目瞭然、植物細胞の方だ。それなのに、植物の単細胞生物と動物の単細胞生物を比較すると、動物の方がより複雑でより進化している、つまり動物の単細胞生物の方が優れている、と一般的には考えられている。これはいったいどういうことなのだろうか？

ここで、動物の単細胞生物と植物の単細胞生物を具体的に比較してみよう。どちらが優れた生き物なのだろうか？　代表としてとりあげるのは、ゾウリムシとミドリムシ（ユーグレナ）だ。少々勝手だが、ゾウリムシは動物のグループに入れさせてもらった。じつはゾウリムシは、仲間の原生動物たちとともに、現在では原生生物のグループに分類されるようになった。しかし数年まえまでは、どこから見てもまちがいなく動物であり、原生動物、つまり「始原《プロト》の動物」とみなされていた［原生動物と原生植物の厳密な区別はむずかしく、植物とも動物とも異なる原生生物という新しい分類が作られた］。

ゾウリムシは微小の単細胞生物で、その体は繊毛《せんもう》に覆われている。繊毛が舟の櫂《かい》のように動くことによって、この小さな動物は水中を泳いで移動できる。顕微鏡で見ると、進化を遂げたその姿はじつにエレガントで、さりげなく見せる洗練された動きにはうっとりしてしまう。単細胞なのに驚くような行動をとることができ、まさに生物界の王者といえる。アメリカの生物学者ハーバート・スペンサー・ジェニングズ（一八六八〜一九四七年）は、一九〇六年に出版された著書『下等生物の行動（*Behavior of the Lower organisms*）』のなかで、アメーバのような単細胞生物をとりあげて、次のような問いを投げかけている。「もしアメーバがクジラほどの大きさだったなら、われわれはどう思うだろう？　それでもなお、アメーバの行動は意思や知性から生まれたものではないと信じるだろうか？」

このゾウリムシと比較する相手は、これまた驚きの生き物だ。微小な緑藻の単細胞生物、ミドリムシである。ミドリムシも今日では原生生物に分類されているが、まちがいなく植物の性質をそなえた生物だ。

このじつにシンプルな生物であるミドリムシが、どれほど驚異的な能力をもっているかがわかれば、植物に対する根強い偏見も薄れるだろう。この二つの単細胞生物にはどのような共通点と相違点があるのだろうか？　動物には知性があるが（どんなにわずかな知性だったとしても、知性であることに変わりはない）、植物はそうではないのだろうか？

まずゾウリムシについて見てみよう。とても小さな生き物だが、目をみはるような能力をもっている。たとえば、ゾウリムシは食物を識別し、食物をめざして移動することができる。

いっぽう、ミドリムシにも、生きるためのエネルギーが必要だ。通常、ミドリムシはエネルギーが足りなければ、あらゆる植物と同じように光合成によって補給する。でも、光がわずかしかない場合でも、がっかりすることはない。ミドリムシは捕食者に変わり、動物のような行動をとるからだ。つまり、食物を識別して、それを捕まえるために移動するのだ（そう、ミドリムシは植物だが、動けるのだ！ 実際、この微細藻類は、非常に細い鞭毛《べんもう》を使って泳ぐことができる）。

もちろんゾウリムシもミドリムシも繁殖する。水中で動いている両者の姿は、それほどちがいがあるように見えない。生物としての優秀さを競う勝負は今のところ互角だ。いや、本当にそうだろうか？ もう少しくわしく見てみよう。じつはゾウリムシの単細胞の体には、ある箇所からべつの箇所に情報を伝える電気信号が流れている。そのため、ゾウリムシは「泳ぐニューロン（神経細胞）」と呼ばれることさえあるのだ。ゾウリムシにとってはぴったりのあだ名だろう。ところが、ミドリムシの単細胞の体にも、同じような電気が流れている。勝負は互いに決め手を欠き、またもや引き分けだ。

ゾウリムシとミドリムシは、同じことしかできないのだろうか？ 動物と植物との勝負は、引き分けで終わる運命なのだろうか？ いや、そんなことはない。この勝負は私たちの予想どおりには進まない。切り札をもっているのは、ゾウリムシではなく、ミドリムシの方だ。じつは、ミドリムシにはゾウリムシにない能力があり、この勝負に楽々と勝利することができる。

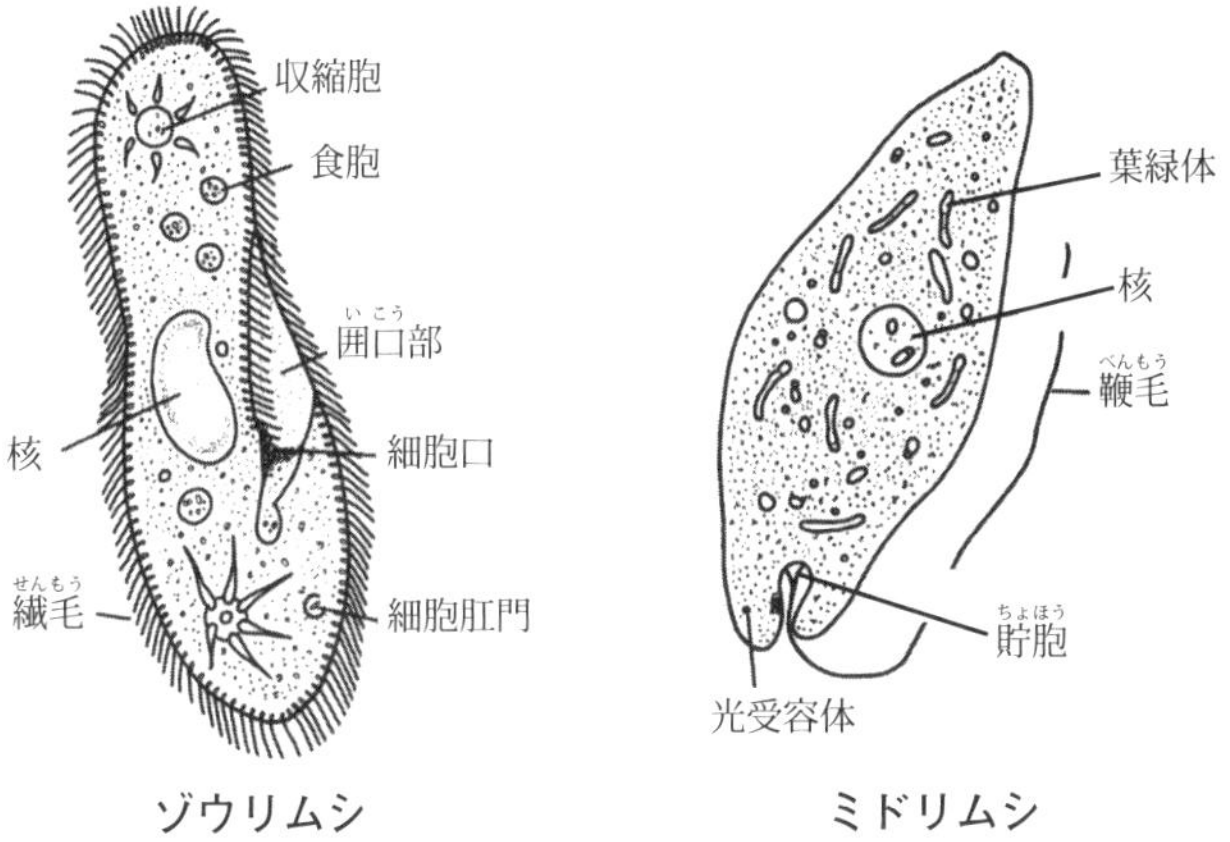

ゾウリムシとミドリムシの体の構造の比較。この２つの生物はよく似ているが、ミドリムシは原始的な目（光受容体）をもっていて、光を知覚することができる。

それは、光合成を行なう能力だ。しかも、なるべく効率的に光合成が行なえるように原始的な視覚も発達していて、明るさを感知できる。つまりミドリムシは、充分に光が当たる場所に移動するのだ。

このようにミドリムシは、ゾウリムシができることがすべてできるうえに、太陽の光を使ってエネルギーを作ることまでできる。それなのに、今までだれ一人としてミドリムシを「泳ぐニューロン」と呼ぶこともなかったし、並外れた能力を称えるようなあだ名を何かつけることさえなかった。いったいどうしてなのだろう？　この問いに答えるのはむずかしい。植物細胞が動物細胞より優れた能力をもっているのは科学的に確かだが、そのことがどうして理解されていないのか、筋の通った説明は見当たらない。

「定住民」として進化する

この章の最初で触れた「進化」の問題に戻り、ふたたび五億年まえの世界へと時間をさかのぼってみよう。そのころ、植物と動物は分化しはじめ、地球最初の生物たちは異なる二つの生き方を選びとった。この二つの生き方を簡単に説明すると、植物は定住民の生活スタイルを選び、動物は遊牧民の生活スタイルを選んだ。ついでにいえば、人類が植物と同じように定住民の生活スタイルを選んだことによって、史上最古の大文明が誕生したことを考えると、なんとも感慨深い。

定住の生活を選んだ植物は、地面、空気、太陽から、生きるために必要なものすべてを引き出さなければならなかった。それに対して動物は、栄養をとるためにほかの動植物を食べなければならず、運動に関わるさまざまな能力（走る、飛ぶ、泳ぐなど）を発達させていった。これらのことから、植物は「独立栄養生物」、つまり自給自足する生き物と定義できる。生きのびるためにほかの生物に依存しないからだ。いっぽう、動物は自給自足できないので、「従属栄養生物」と定義できる。

世代を経るにつれて、この太古の最初の選択は、結果的に動物と植物の根本的なちがいを生み出すことになった。そして今日、両者のちがいは、生態系の陰と陽、白と黒といえるほど、はっきりとしたものになってしまった。植物は定住し、動物は移動する。動物は攻撃的で、植物は受動的。動物はすばやく、植物はのろい。両者の対立する性質はまだまだあげられる。しかし結局のところ、植物の世界と動物の世界では、この五億年のあいだの進化のしかたが異なるのだ。

時が経つにつれて、定住する生物として進化するか、移動する生物として進化するかという選択が、生物の体の構造と生き方にとてつもなく大きなちがいをもたらした。動物は「動く」ことを前提として、防御、栄養摂取、繁殖を行なう道を選んだ（もちろん、動くことには逃げることもふくまれる）。

植物は動物と同じことを「動かない」ままで行なう道を選んだ。そのせいで植物は、さまざまな問題を解決するために、まったく独自の手段を見つけなければならなくなった。少なくとも私たちの視点からはそういえるだろう（私たちの視点が、動物の視点だということは、いつも念頭に置いておくべきだ）。

個を超えた知性

動くことがなく、つねに捕食者に狙われている植物は、まずは外からの攻撃に対して、いわば「消極的抵抗」手段を発達させた。植物の体はモジュール構造になっていて、どのパーツも重要ではあるものの、どれも絶対に必要不可欠というわけではない。こうした身体構造は、動物と比べてとても優れている。とくに、地球上に存在する膨大な数の草食動物やその旺盛な食欲から逃れられないことを思えば、非常に有効なしくみである。モジュール構造の体のいちばんの利点は何か？　それは、たとえ動物に食べられたとしても、植物にとってはそれほど大きな問題ではないということだ！　いったいどこにそんな動物がいるだろうか？

植物の生理は、動物の生理と異なった原理に基づいている。動物は、脳、肺、胃など少数の器官に、もっとも重要な生命機能のほとんどすべてを集中させるといった進化を遂げてきた。それに対して植物は、簡単に捕食されてしまうことを考えて、いくつかの中心的部分に全機能を集中させないようにした。たとえるなら、泥棒に入られたときのことを考えて、全財産を一か所に隠すのではなく、いくつかに分けて隠すようなものだろうか。そうすれば、盗まれたときの被害を最小限に抑えることができる。または、リスクを分散するために、あちこちに投資することにも似ているだろう。なんとも頭のいい作戦ではないか！

しかも植物の各機能には専用の器官があるわけではない。つまり、植物は肺がなくても呼吸でき、口や胃がなくても栄養を摂取でき、骨格がなくても直立している。あとでくわしくとりあげるが、脳がなくても決定をくだすこともできる。

こうした独特の生理のおかげで、植物は体の大部分が切り離されたとしても、死んでしまうことはない。体の九〇〜九五％まで食べられてしまっても大丈夫な植物もある。残った小さな部分が小片となって再生し、やがて完全に元の状態に戻るのだ。放牧されたヒツジの群れに食べつくされても心配ない。何日かすれば牧草地は元に戻る。こうした現象を確認するのに、ヤギやヒツジは必要ない。身近な場所でも確かめられる。セイヨウキヅタやセイヨウヒルガオをちぎったり、庭の草刈りをしたりしたことがあれば、だれでも知っているように、しばらくすると、草はすぐに元どおりになる。定住する生物（専門用語を使えば、固着性の生物）である植物は、進化の戦略として、分割可能なパーツを組み合わせた体を選んだ。これによって、自分を食べようとする敵に対して最大限の抵抗ができるというわけだ。いっぽう、動物の場合、防衛戦略は何よりも運動能力に基づくため、体の再生能力を発達させることはなかった。再生能力があるとしても、ごくわずかなケースだけだ。たしかにトカゲの尻尾《しっぽ》は切れてもまた生えてくる。でも、手足や頭部が切断されてしまえば、二度と元には戻らない。植物なら切りとられても、たいていは生きつづけられる。いや、それだけではない。切りとられた方がいい場合もあるのだ！　剪定《せんてい》がもたらす回復効果について考えてみよう。余分な枝を刈りとることで、木全体の成長がうながされる。こうした特性は、動物とはまったく異なる体の構造によるものだ。植物の個体は、無数の同じモジュールから構成されている。たとえば、木の枝、幹、葉、根はどれも、シンプルなモジュールの組みあわせでできている。一つひとつのモジュールそれぞれが、基本的には独立したまま、べつのモジュールと連結している。レゴのブロックに似ているといえるかもしれない。

「でも、うちのベランダのゼラニウムは、そんなふうには見えないよ」という人もいるかもしれない。ごもっとも。たしかにゼラニウムは、たんなる一つの生き物にしか見えない。でも一部を切りとって、べつの場所に植えてみるといい（「挿し木」といい、植物を増やす方法の一つだ）。切りとられたゼラニウムの一片がやがて根を張り、新しいゼラニウムの体全体ができあがるだろう。それに対して、人間の手もゾウの足も、体全体を再生することなどできないし、体から切り離された手足がそのまま生きつづけることもない。

人間一人ひとりのことを、ふつう「個人」という。この「個」（イタリア語でindividuo）という言葉は、ラテン語のin（この場合は「～ではない」という否定の意味）とdividuus（分割可能）が語源だ。まさにそのとおり。私たちの体は「分割不可能」なのだ。もし体が真っ二つになれば、その二つの半身はどちらも生きられず、そのまま死ぬだけだ。ところが、植物はちがう。二つに切り分けてみても、その二つの部分はそれぞれ独立して生きつづける。理由は簡単だ。植物は「個

（＝分割不可能）」ではないからだ。とくに樹木やサボテン、一つの株から生えた草の茂みなどは、人間やほかの動物にたとえるよりも、コロニー〔同一種の生物の個体が形成する集団で、組織的な行動をとる〕のようなものだと考えた方がいい。一本の木は、動物の一個体よりも、ミツバチやアリのコロニーによく似ている。

植物は、太古の昔から存在している生物だ。でも、コロニーとしてとらえるなら、植物はきわめて現代的なものともいえる。「創発特性」という言葉をごぞんじだろうか？　インターネットの出現によって可能になり、グループどうしのつながり（たとえばソーシャルネットワーク）の基盤となっているテクノロジーの中心概念だ。これは「グループを形成することによって生みだされる、元の構成要素（個人など）を超える特性」を意味する。この特性は、多くの個体が集まり、一つにまとまることによってのみ発揮される。集団の構成要素一つひとつは、その特性をそなえてはいない。まさにミツバチやアリの群れとそっくりだ。そうした虫たちは、コロニーとして互いに結びつくことではじめて、各個体の知性をはるかに超えた集団的な知性を示す。創発特性による植物の行動については、植物の知性に関する第5章でくわしく見ることにしよう。

「動かない」という錯覚

ここでまた、植物の本当の姿が受け入れられにくい原因に戻ってみよう。植物は本当は人間と同じように、長い進化プロセスを経て洗練された、社会的な生物だ。そのような現実を直視するのを邪魔する要因としてすでに「進化」の問題をとりあげたが、もう一つべつの要因がある。それが「時間」だ。

生物の種類によって平均寿命が異なることは、だれもが知っているだろう。人間は八十年ほどだが、ミツバチは二か月にも満たない。ゾウガメは百年を超える。平均寿命だけではなく、動物たちの生活リズムも種によって異なっている。冬眠する動物もいれば、人間よりずっと速いリズムで活動し、頻繁に繁殖をくり返す動物もいる。人間よりもかなりゆっくりと活動し、繁殖の間隔が長い動物もいる。だから、人間とまったく異なる時間の尺度があると認めるのは、それほどむずかしくないはずだ。ところが、実際はそううまくはいかない。もし人間の目ではわからないほどゆっくりしたペースで事態が進んでいたとしたら、そんな尺度があっても私たちにとっては意味がない。よくわからない？ では、もっとはっきりいおう。「速い」「遅い」という尺度は絶対的なものではない。それでもやはり、人間は「速く」、植物は「遅い」といえるだろう。植物のリズムはあまりにも遅い。のろのろしすぎなのだ！

　人間と植物の動くスピードには差がありすぎるために、私たちの知覚はだまされている。だまし絵《トリックアート》が引き起こす目の錯覚に少し似ているかもしれないが、植物の場合は、時間の尺度のちがいが錯覚をもたらすのだ。例をあげてみよう。植物が光を浴びたり、危険を避けたり、（つる性植物の場合は）支柱を探したりするときに動くことは知られている。数十年まえから、写真技術と撮影技術の進歩によって植物の運動を録画・再生することが可能になった。今ではインターネットで少し検索するだけで、花が開いたり、芽が成長したりしていく姿を撮影した動画を見つけることができる。かつてダーウィンが植物の正しい評価をめざして詳細に論じた植物の運動が、簡単に映像として見られる時代になったのだ。けれども、私たちの目には、植物はあいかわらず止まって見える。

　私たちにとって、植物の映像はまったく驚きである。それは植物が本当に動くのだということをはっきりと教えてくれる。それでも、「植物は動物よりも鉱物に近い」という私たちの心に巣食ったしつこい思いこみを崩すことはできない。そんなふうに思いこんでいることにさえ、気づいていないかもしれない。植物についての思いこみは、ほとんど本能的なものだ。人間の知覚では、植物の動きをとらえることができない。そのため、命をもたないただの物体のように思えてしまう。「植物は成長する、それはつまり、植物は動くということだ」と頭で理解していても、たいして役には立たないだろう。私たちにとって、やはり植物は動かないままだ。

なぜなら、植物の動きを肉眼でとらえられない以上、私たちが心の底から植物を理解することなどできないのだから。

とはいえ、植物を理解することを拒むというのは、いったいどういうことなのだろうか？　私たちの暮らすハイパーテクノロジーの社会には、直接の認識ができないもの（知覚できないもの）は数えきれないぐらいある。でも、ふつうは、そんな特性について疑いの目を向けようとはしない。たとえば、テレビや電話、コンピューターがどんなしくみで動いているのか、ほとんどの人は知らない。でも、機械内部のしくみが機能している様子を実際に自分の目で見たことがないからといって、この特殊な技術をくだらないものだと考える人などいないだろう。「世界はどのような構造でできているのか」「物質は何から構成されているのか」といった知識はすべて、恐ろしいほど複雑な道具や機械を使って得られたものだ。たとえそれが、日常的な感覚から大きくかけ離れているとしても、複雑な原子構造を否定しようと思う人などいるだろうか？　もちろん、これについては教育が重要な役割を果たしている。

では、同じことが、植物の地位を向上させるために行なわれていないのはどうしてだろう？これについては、じつは仮説がある。大胆な仮説だが、それほど無謀ではないと思う。つまり、植物についての本能的な思いこみは、撮影技術の進歩など、現代文明のおかげで弱められるはずなのに、一種の「心理的なブロック」のせいでそれが妨げられているのではないだろうか。もっとわかりやすく説明してみよう。

人間と植物は、大昔からずっと、絶対的な依存関係にある。親子の関係に似ているかもしれない。子どもが成長すると、とくに思春期には親に頼ることをまったく拒否する時期がくる。これは、親から自由になって自立心を育てるために必要な段階で、のちに本当の自立を手に入れるための下準備でもある。人間と植物のあいだにも、これと同じようなメカニズムがはたらいているのではないだろうか？　もちろん細かな点は親子関係とは異なるが、それでもこの考えを完全に否定することはできないだろう。ほかの人に依存するのは、だれだっていやなものだ。依存は、弱くて傷つきやすい立場のときに起こる。たいていは、自分がそんな立場にあるなんて思いたくはない。

依存する相手を憎むのは、依存関係のせいで完全な自由を感じられないからだ。ようするに、私たちは植物に依存していながら、その事実をできるかぎり忘れようとしている。それは、自分たちの弱さをまざまざと思い知らされるのがいやだからではないだろうか。人間は世界の支配者などではない、ということだ。もちろんこの仮説には挑発の意味合いもあるけれど、それでも人間と植物の力関係がどのようなものかを明らかにしてくれる。

植物なしでは私たちは生きられない

もし明日、植物が地上から消え去ったら、人間の生活は数週間ももたないだろう。いや、もしかすると数か月はもつかもしれないが、それ以上は無理だ。あっというまに、高等動物は地球上から姿を消してしまう。反対に、私たち動物が消えたら、植物は、これまで動物に奪われていた領土を、わずか数年で完全に取り戻すにちがいない。さらに一世紀も経てば、人類数千年の文明の痕跡は、植物によって完全に覆いつくされてしまうだろう。この説明だけで、生物学の観点からは植物と人間のどちらが重要なのか、すぐにわかるはずだ。

べつの例をあげてみよう。生物学は、いまだにアリストテレスやプトレマイオス〔天動説を唱えた古代ローマ時代のギリシアの天文学者〕の時代で止まったままである。コペルニクス革命以前、地球は宇宙の中心にあり、すべての星々が地球のまわりを回っていると考えられていた。これは、完全に人間中心の考え方だ。イタリアの科学者ガリレオはなんとか天動説をくつがえそうとしたが、人々の一般的な感覚が天動説を受け入れなくなるまでには数世紀かかった。現在の生物学も、だいたいはコペルニクス革命まえの状況にあるといっていいだろう。人間はあらゆる生物のなかでもっとも重要な生物で、すべてが人間を中心に回っている、という考えが支配的だ。人間は、ほかの生物よりも上に置かれ、絶対的な自然の支配者だとされている。それは魅力的な考え方ではあるけれども、私たち人間の置かれた状況は、それほど輝かしいものではない。地球上の生物量《バイオマス》のうち、動物と植物のそれをとりだすと、植物は九九・五％以上を占めている。つまり、地球上で生きている多細胞生物の総重量を一〇〇とすると、多少の変動はあるが、植物の総重量はそのうちの九九・五〜九九・九にあたるということだ。逆にいえば、すべての多細胞生物に対して、動物は——人間もふくめて——ごくわずかな割合しか占めていない（〇・一〜〇・五％というみじめな数値だ）。

（もし本当に支配者だったなら、どんなにすばらしいだろう！）。

これまで人間は森林をひたすら伐採してきたが、それでもまだ、まぎれもない生物界の王座にとどまっているのは植物だ。なんとありがたいことだろう！　植物が王様だということは、地球上の生物がまだまだ生きつづけられる証《あかし》なのだから。

ごぞんじのように、植物は食物連鎖の土台である。私たちが食べているもの（肉や魚をふくめて）は、すべて植物か、または植物から栄養をとって成長した生き物だ。

人間は栄養を摂取するために、さまざまな種類の植物を食べているように見えるかもしれない。ところが、じつはそうではない。私たちが摂取するカロリーの大部分を担っている植物は、おもに六種類だ。サトウキビ、トウモロコシ、米、小麦、ジャガイモ、大豆、この六種類がほかのわずかな種類の植物とともに、全世界のほとんどの人間の栄養をまかなっている。これらの植物は「食用植物」といい、特別な生物だ。食用植物はどうしてこんなに種類が少ないのだろうか？

そもそも植物を栽培することは、動物を飼育することに似ている。人間が食べる肉食の食事がほとんど牛、鳥、豚ばかりなのはなぜか、これまで考えたことがあるだろうか？　ライオン、ヌー、オオカミ、クマ、ヘビの肉も、牛や鶏のようになんの問題もなく食べることができるのに、栄養摂取のための基本となる食料ではないのはなぜだろうか？　理由ははっきりしている。クマやヘビなどよりも、家畜の方が簡単に飼育できるからだ。クマ肉の味は絶品だが、クマを飼うのは簡単ではない。植物も同じだ。すべての植物が、一か所に集められて栽培されることに適しているわけではないだろう。

食べられる植物の種類は無数にあるが、その大部分は産業として栽培することがむずかしい。食用には進化してこなかったからだ。それらは野生の植物であり、動物でいえばトラやクマにあたる。反対にイヌは、オオカミを源流とする新しい種として進化を遂げ、生きのびるために戦いつづけるよりも、人間とともに生きる方がずっと快適で楽だということに気がついた。こうした進化の過程を経て、人間とイヌは、互いにとって満足のいく最高の関係を築いたのだ。つまり、人間はイヌに食べ物を与えて世話をし、イヌはお返しに相棒となって人間を守ってくれる。植物のなかにも、イヌとよく似た進化の戦略をとったものがいる。そうした植物は人間の食べ物になることによって、人間に昆虫から守ってもらい、手をかけて栽培してもらい、さらには繁殖させてもらって、遠く離れた場所にまで広がっていく。

人間が植物に依存しているもののうち、もっともわかりやすいのが、こうした食料である。その次にわかりやすいのは酸素だ。私たちが呼吸している酸素は植物が作っていることや、私たちが生きていけるのは、空気中に酸素があるおかげだということを知らない人はいないだろう。けれども、人間が使っているエネルギーの大半が植物由来であることや、数千年まえからずっと人間はそのエネルギーを自由に使わせてもらっていることや、植物にはいくら感謝しても足りないということは、だれもが知っているわけではない。

そうしたエネルギーについて少し考えてみよう。利用可能な地球のエネルギー資源の大部分は、まず植物が太陽エネルギーを化学エネルギーに変えて自分のなかに集めている。この奇跡のようなプロセスを光合成といい、それによって、光と空気中の二酸化炭素と水が糖類に、つまり高エネルギーの高分子化合物に変えられる（ダイエット中で甘いものを我慢している人は、とくに糖がいかに高エネルギーかを、よく知っているだろう）。これが最初の基本段階で、さらにその先の段階では、エネルギーがたくさんの形態に変えられて（薪《まき》、石炭や石油などの化石燃料）、それを私たち人間が燃料として消費する。

二十世紀初頭に、ロシアの植物学者クリメント・チミリャーゼフ（一八四三〜一九二〇年）は、「植物は地球と太陽とをつなぐ環である」と記している。そのとおり、人間が大昔から利用してきたほとんどすべての燃料は、植物が作り出したものだ。

実際、化石燃料（石炭、石油、天然ガスなど）は、太陽エネルギーが地中深くに蓄積されたものだが、もともとは植物がさまざまな地質時代に、光合成によって太陽エネルギーを直接に生物の世界にとりこんだものだ。化石燃料を鉱物だとしつこく言いはる人もいるが、正真正銘、本物の有機物なのである！

食べ物、空気、それからエネルギー。人間が植物に依存している基本的な要素を三つ見てきた。この三つだけでも、すべての植物を「崇めたてまつる」動機としては充分だろう。しかし、人間が植物に頼っているのはこの三つだけではない。まだまだある。薬について考えてみよう。じつは私たちが服用している医薬品の成分は、植物から作られた分子か、人間が植物の作り出す化学物質をまねして合成した分子なのだ。

西洋でも東洋でも、先進国でも新興国でも、地球上のあらゆる文化において、植物は薬を作るために欠かせない基本材料だ。いや、植物が人間の健康に役立つのは、植物から精製された分子を薬として使用する場合だけではない。植物が近くにいるだけでも人間の心身の健康に効果があり、いろいろな場所や状況で、すばらしい影響を直接私たちに与えてくれている。

酸素を作り出し、二酸化炭素や汚染物質を吸収し、気候を穏やかなものにしてくれているという点で、植物が人間の役に立っていることは、ずいぶんまえから知られていた。しかしそれ以外にも、私たちを幸せにしてくれる力があることがようやく研究されるようになった。結果は驚くべきものだった。植物をそばに置いておくことで、ストレスの軽減、注意力の増大、病気からの早い回復といった効果があることがわかったのだ。

植物をただ見ているだけで心が落ち着き、リラックスできることが、生理学的な測定によって明らかにされている。窓から豊かな緑が見える病室で過ごしている入院患者は、建物や空き地しか見えないような病室の患者に比べて、必要とする鎮痛剤の量が少なくてすみ、ずっと短期間で退院することができたのだ。そのため、北ヨーロッパで新設された病院の多くは、植物用のスペースを作り（一つのフロア全体を使うこともある）、そこで入院患者が過ごせるようにしている（安上がりですむというのも大きな理由だ）。

この数年、植物の存在が子どもや若者にどのような影響を与えるのかという研究が、さまざまな観点から大きな注目を集めるようになってきた。初期に発表された研究結果は、まちがいなく重要だった。

たとえば、アメリカの大学で行なわれた研究では、各学生に自分の家で試験を受けさせ、採点結果を分析した。試験でいい点をとるには集中力が必要だ。窓から緑の見える部屋の学生は明らかにいい結果が出たのに対し、建物しか見えない学生の結果は満足のいくものではなかった。

また、フィレンツェの学校でも同じような実験が何度か行なわれたが、大学生よりも小学生の方で注意力の向上がはっきり見られた。さらには、木々の立ち並ぶ道路では事故が少なく、緑の豊かな地区では自殺や暴力犯罪が少ないこともわかった。ようするに、植物が私たちの気分や集中力、学習能力、心身の健康全般によい影響を与えていることはまちがいない。

長期にわたる宇宙空間でのミッションでも、植物をそばに置いておけば、食べ物として利用できるだけではなく、リラックス効果も生まれるだろう。

なぜ植物が人間の心の健康にいい影響を与えるのかは、まだよくわかっていない。それを調べるには、はるか昔までさかのぼる必要があるかもしれない。あるいは、植物がなければ人類は滅びてしまうと私たちが無意識に理解していることと、何かつながりがあるのかもしれない。太古の人間は、自分たちに必要なものすべてが植物のなかにあることや、人類が存続できるかどうかはすべて植物にかかっているということをきちんと知っていた。もしかすると、私たちが植物といっしょにいると穏やかな気持ちになれるのは、そうした太古の人間の意識が脈々と受け継がれていて、今でも私たちの心のなかでこだまのように鳴り響いているからなのかもしれない。

第3章

20の感覚

植物には目も鼻も耳もない。それはまちがいない。では、植物は視覚、嗅覚、聴覚をもっているのだろうか？　味覚は？　触覚はどうだろう？　一般常識から考えても、私たちが植物を見たときの印象からも、答えはノーだ。植物をちょっと観察するだけでは、植物に感覚があるとはとても思えない。

そうした観点から、植物はまさしく「植物的」に暮らしているといえる。つまり、動かず、光合成を行ない、ときどき新しい芽を出し、ときどき花を咲かせ、葉を落とす。それ以外は、たいした活動はしていないように見える。

「植物的」という言葉は、植物以外のものに使われると侮辱的なニュアンスがあるぐらいだ。「植物状態」や「植物人間」という言葉は、人間に生来そなわっている感覚をすべて失ったことを意味している。まさに植物のように。それとも、植物は感覚をもっているのだろうか？

前章で見たように、植物には感覚がないという考えは、古代ギリシア時代から現在にいたるまで変わることがない。この植物観は、ルネサンス時代（この時代に、あの有名な「生物ピラミッド」が作られた。このピラミッド図では、植物は生物にふくまれているものの、感覚も思考能力ももたないとされている）を無傷のまま通りすぎ、それはばかげた考えだと証明してくれるはずの啓蒙主義と科学革命という厳しい審査も、うまくすり抜けてきた。

ここで、自分自身が「動かない存在」になったところを想像してみよう。つまり、進化の巧みな戦略として、自分は動かない生き方を選択したと仮定してみてほしい。これこそが植物の生き方だ。さて、植物と同じ状況になったとしたら、どうやって生きていけばいいだろう？体を動かせないからこそ、まわりをよく見て、においを嗅ぎ、音を聞き、感覚すべてをしっかりとはたらかせて周囲の様子を探ることが、ますます重要になってくるのではないだろうか？感覚は、生活し、身を守り、成長し、繁殖するためには絶対に欠かすことのできない道具だ。だとしたら、植物は感覚がないままにうまくやっているなんて、とうてい考えられないのではないだろうか。

このあとでくわしく説明するが、人間と同じように植物にも五感すべてがそなわっている。いや、それどころかほかに十五もの感覚をもっているのだ。いうまでもなく、植物の感覚能力は、人間としてではなく植物として生きていく環境に合わせて発達してきた独特のものだ。しかし、だからといって、けっして植物の感覚があてにならないというわけではない。

根っこの視覚

植物には私たち人間が見えているのだろうか？　見えているとすれば、どんなふうに？　こうした疑問に答えるには、まず視覚とは何かを正確に定義する必要がある。植物には目がない。けれど、目がなければ本当に見えないのだろうか？

辞書をいくつか並べて「視覚」という言葉の定義を調べてみよう。そこから、目に関するもの（つまり植物には使えない定義）をすべて除外していくと、どんな定義が残るだろうか。たとえば、ある辞書には「見る能力。見る機能に用いられる器官によって得られた、光学的な刺激を知覚する能力」とある。また、べつの辞書には、「光学的な刺激の知覚を可能にする感覚」とある。オンライン語源辞典では、「見る能力または感覚。光や輝く物体の感覚」と定義されている。

さて、残ったものはなんだろう？　植物は目をもっていないので、「目で見る能力」という古典的な意味の視覚はもっていない。とはいえ、「光の感覚」や「光学的な刺激を知覚する能力」に注目するなら、話は変わってくる。つまり、この定義に基づくなら、植物はまちがいなく視覚をもっている。それだけではなく、植物はかなり発達した視覚能力をそなえている。実際、植物は光をとりこみ、利用し、光の質と量を識別することができる。光は、植物が光合成によってエネルギー補給するための基本的な要素だ。そのために、植物は視覚能力を強化してきた。

光を求めることは、植物が戦略的に行動しながら暮らしていくうえで、もっとも重要だ。植物にとって光を体いっぱいに浴びることは、人間にたとえるなら金持ちになるということである。逆に、日陰にいるというのは貧乏になるということだ。人間の社会と同じように植物の社会でも、昼間に獲得したエネルギーの大部分は、自分の生活を維持していくために使われる。植物の場合は、光合成に使う光をできるだけ多く集めるために、終わりのない競争をくり広げている。

次に、金持ちか貧乏か（つまり、光を多く浴びられるか、そうでないか）ということが、植物の成長、活動、能力、さらには学習（これも人間とあまり変わらないやり方で行なっている）に対して、どういった影響を与えているのか見てみよう。

室内でも屋外でも植物を観察したことがあれば気づくと思うが、植物はうまく光を受けるために葉を動かし、体の位置を修正しながら、光の射す方向に向かって成長していく。光をめざして動くこのような性質は、「屈光性」と呼ばれている。植物にしてはなかなか速い動きだが、できるだけ急いで、しかも効果的に光をとらえることが彼らの大事な課題だと考えれば、べつに不思議ではない。こうして、互いに近くに生えている（森のなかでも、花瓶のなかでも）二つの植物が出会うと、戦いがはじまる。背の高い方の植物の葉が日陰を作って、背の低い方の植物に光を当たらなくしてしまうからだ。このため、植物はライバルの背丈を超えようと急いで成長する。この動きは「日陰からの逃走（避陰《ひいん》反応）」とも呼ばれている。なんともおかしな言い方だ。植物が逃走するなんてふつうは考えもしないだろう。でも、二つの植物のあいだでくり広げられるのは、光を手に入れるためのまぎれもない戦いなのだ。

いわゆる「避陰反応」現象は、肉眼ではっきり確認できるため、古代ギリシア時代にすでによく知られていた。とはいえ、数千年まえからあたりまえの現象と見られていたとしても、植物のこの行動が示している真の意味は、ずっと無視されてきた。あるいは過小評価されたままだった。何がいいたいかおわかりだろうか？「避陰反応」は、知性の表れ以外の何ものでもないということだ。植物はリスクを計算し、利益を予想している。それこそまさに知性だ。これは、植物を偏見のない目で観察してさえいれば、とっくの昔に明らかになっていたはずの事実である。

この点についてもう少し考えてみよう。「避陰反応」をしているあいだ、植物がかなりのスピードで成長するのは、ライバルよりも背を高く伸ばし、光をより多く受け

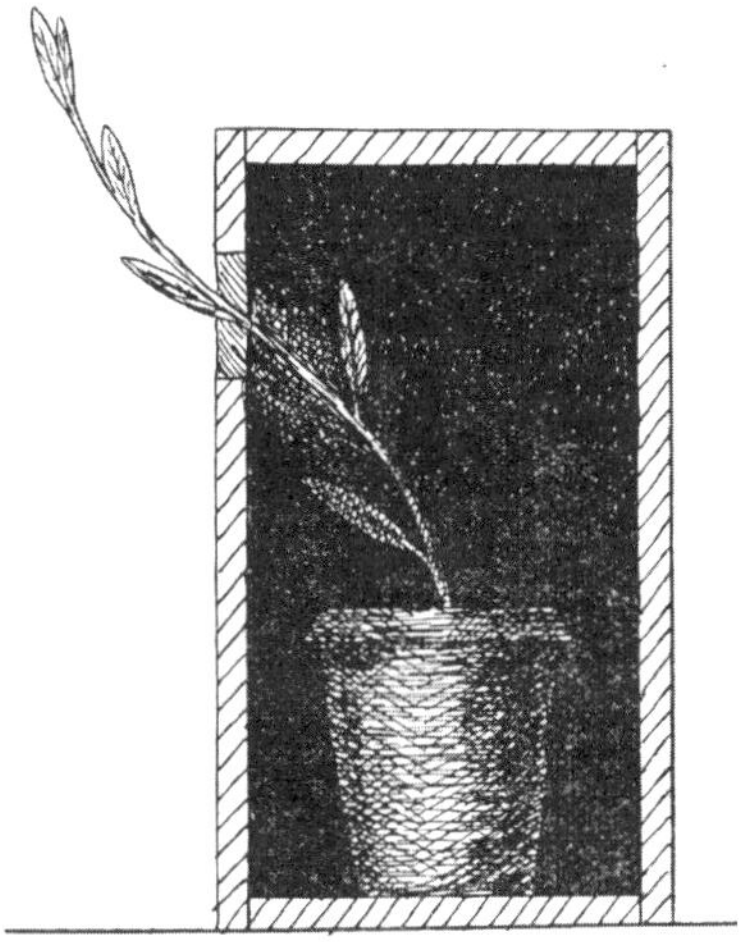

屈光性の例。屈光性とは、光源の方向に向かって植物が成長していく性質のことである。

たい一心からだ。しかし、この急速で猛烈な成長には、大量のエネルギーが必要になる。植物ががんばって背を伸ばしても成果が得られなかった場合には、その努力がかえって命とりになることもある。エネルギーと養分を、費用がかさむうえに確実に成功するとはいえない事業に投資することになってしまう。まさしく植物は、将来のために投資を行なう実業家といえる。植物は予測のもとによい結果が出るように投資する。つまり、典型的な知的行動をとっているのだ。

植物の感覚の話題に戻ろう。いったい植物はどうやって光を感じとっているのだろうか？じつは、植物の内部では、いくつかの化学物質が光受容体（光を感知するセンサー）として機能している。植物は、光がやってくる方向とその量についての情報を光受容体から受けとり、それを自分の体の各部分に伝達することができる。植物は暗闇と光とを区別できるだけではなく、光の各波長がもつ性質を認識することもできる。奇妙な名前をもったいくつかの光受容体（フィトクロム、クリプトクロム、フォトトロピン）が、赤色、遠赤色、青色、紫外線の帯域に特有の波長を吸収することによって、植物はそれぞれ異なる光を知覚する。ここにあげた色は、植物にとってもっとも重要な色だ。なぜなら、発芽、成長、開花といった植物の生育過程の多くの面を、これらの色の光が支えているからだ。

では、光受容体はどこにあるのだろう？　人間なら頭部の前側に目がついている。進化の観点からすれば、これは戦略的な位置だといえる。高い場所にあり（視野が広がり、遠くまで見える）、脳の近くにあり（人間には脳が一つしかない）、外部からの攻撃を防御するのに適している（私たちがとくに頭部を保護するのは、そこに人間の四つの感覚器官と脳が集められているからだ）。けれど、これまで見てきたように、植物の場合はそうではない。植物は、複数の機能を体の一か所だけに集中させないように進化してきた。そうすれば、草食動物がちょっとおやつを食べようとしたからといって、植物が悲劇の結末を迎えることにはならない。

植物の場合は、あらゆる能力が体のいたるところにそなわっていて、体のどの部分も絶対不可欠というわけではない。それに多くの場合、植物の構造からいって、そなわっている光受容体の数は非常に多い。光受容体の大部分は、光合成のための特別な器官である葉のなかにあるが、それだけではない。茎の若い部分や先端、巻きひげ、芽、さらには木（材木や薪に適さない、一般的に「グリーン」と呼ばれている生木のこと）なども、光受容体をたくさんもっている。とても小さな無数の目で全身が覆われているようなものだ。驚くことに、根の部分にも光を感じる力がある。ただし葉とちがって、根は光が大嫌いだ。葉は光の方向に向かって成長していこうとする。光を求めるこの性質は、「正の屈光性」と呼ばれる。ところが根は、葉と正反対の振る舞いをする。まるで光恐怖症に襲われているかのように、どんな光からも急いで遠ざかろうとする。これは「負の屈光性」と呼ばれる。

ここで、植物の実験研究でよく目にする風景をとりあげておこう。植物の知識が乏しいと、実験結果の解釈を歪曲してしまうことさえあるというういい例だ。説明しよう。根は地中で、つまり暗闇のなかで成長する。そういうと、「そんなこと、だれでも知ってる」と思うかもしれない。けれど、はたしてそうだろうか？　実際には、だれもが知っているわけではない。たとえば、植物について研究している現代の実験室には、「根は地中で育つ」という情報がいまだに届いていないらしい。分子生物学（輝かしい栄光にかたどられた植物学や植物生理学の地位を、徐々に奪っている科学の新分野）の実験では、ほとんどいつもモデル植物（もっとも有名なのはシロイヌナズナで、まさに現在の実験室のスターだ）が使用されている。その際、土壌で栽培された植物ではなく、成長に必要な栄養素をふくんだゲルや、その他の透明な培地の上で育てられたものがよく使われる。こうした培地を使えば、植物の行動についての研究が非常にやりやすくなる。なにせ透明で観察しやすく、植物に与える栄養素も思いのままに選べるからだ。もちろんこうした道具は、研究に大いに役立つ。でも、一つ問題がある。透明な培地を使った実験では、根はほとんどいつも光にさらされ、まったく不自然な状態に置かれる。植物にとってはこれがストレスになるのだ。ゲルの上で栽培される根は成長が早い。嫌いな光から逃れようと懸命になって大きく伸びようとするからだ（結局は失敗する運命だが）。すばやく成長するというのは、一般的には植物が幸せな状態にあると考えられている。それはまさに植物が健康な証拠だからだ。ところが、この実験では反対に、必死に光から逃げるために根がどんどん成長していく。ふつう、植物の根が生えるのは闇のなかで、葉のように光あふれる場所ではない。それはみんなが知っている常識のはず。そう考えると、明るい実験室で根が急速に伸びるのは、健康だからではないことが、すぐにわかるはずだ。

ただし、暗闇を求めるのは根だけではない。一年のうち、ある時期になると植物の茎のいくつかの部分が、なんと「目を閉じる」のである！　その時期とは、秋だ。秋になると、多くの木から葉が落ちる（その性質を「落葉性」という）。植物がもつ光受容体の大部分が葉に、つまり光合成に特化された器官に集中しているのなら、葉を失った木はいったいどうなるだろう？そう、動物が目を閉じるときと同じく、眠りにつく。

落葉性の植物は、冬が寒い地域に特有の植物だ。熱帯地方や亜熱帯地方は、暑さや年中降り注ぐ太陽の光のおかげで、一年中いつも活気に満ちている。そんな場所に落葉性の植物は見当たらず、かわりに一年中緑を絶やさない常緑の植物が見られる。いっぽう、温帯気候や内陸性気候の地域では、暑い夏と寒い冬が交互に訪れる。こうした気候は、動物と同じように植物の活動様式にも影響を与える。そうした地域の冬はとても厳しく、寒く、食べ物の乏しい時期を生きのびるために冬眠する動物もいる。眠ることは、厳しい冬を乗り越えるのに効果的な方法なのだ。そんなわけで、植物も動物と同じ戦略を採用している。落葉性の植物は、冬がはじまると葉を落とす。つまり、寒さにもっともさらされている繊細な部分を落とすのである。冬のあいだに凍ってしまう危険があるからだ。こうして、落葉性の植物は冬眠に入っていく。厳しい気候から身を守るための定期的な眠りは、植物では「休眠」と呼ばれるが、意図するところは動物の冬眠とまったく同じだ。

植物は冬のあいだ、成長周期を遅くし、「目を閉じ」、眠りつづける。春になるとまた正常に機能しはじめ、芽を出し、ふたたび葉をつけ、「ふたたび目を開ける」。

植物の視覚について語るなら、オーストリアの偉大な植物学者ゴットリープ・ハーベルラント（一八五四〜一九四五年）を忘れてはならないだろう。二十世紀半ば、彼の理論は科学界に混乱を巻き起こした。ハーベルラントは、実験で証明したわけではないものの、植物の表皮細胞はレンズとして機能しているという仮説を打ち出したのだ。つまり、植物は、光だけではなく物の形までもはっきりとした像として伝えられるレンズをもっていると指摘した。

ハーベルラントによれば、私たちが角膜と水晶体を使って外界のイメージを再構成しているように、植物も表皮細胞を使って同じことを行なっているのである。

トマトの嗅覚

ゴットリープ・ハーベルラントのこの魅力的な理論が実験で証明されたことはない。そのため、植物が物体の輪郭《りんかく》を本当に識別できるのかと疑いをもたれてもしかたない（少なくとも、植物が光を感じとる視覚をそなえているのは確かだ）。けれども、嗅覚となると、話はべつだ。奇抜な説に思われるかもしれないが、植物が本当に優れた「鼻」をもっていることをはっきり示そう。

もちろん、人間と同じ感覚器官があるといっているのではない。植物の感覚機能は、体全体に散らばっている。私たちが鼻だけでにおいを嗅いでいるのに対し、植物は体全体を使ってにおいを感じることができるのだ。

人間はにおいを感じるために、鼻で空気を吸いこみ、それを鼻腔に通す。鼻腔は、空気中に漂っている化学物質の分子をとらえる受容体で覆われている。そして、対応する神経信号（電気信号）が作り出され、それがにおいの情報を脳まで伝える。では、植物の場合はどうだろう？植物のにおいの感覚器は、植物の体全体に散在している。私たちの全身に無数の小さな鼻が散らばっていると想像するとわかりやすいかもしれない。根から葉にいたるまで、一つの植物は無数の細胞で構成されているが、細胞の表面には、揮発性物質をとらえる受容体がそなわっていることが多い。その受容体が信号を発すると、体全体に情報を伝えるシグナル（信号）の連鎖がスタートする。ここで、植物の嗅覚のメカニズムを鍵と鍵穴にたとえて説明してみよう。においのセンサーである受容体は、細胞の表面にとりつけられたさまざまな種類の鍵穴だ。そして、においがたくさんの鍵にあたる。それぞれの鍵穴は、適切な鍵をさしこむことで開く。鍵が開くことによって、嗅覚情報を作り出すメカニズムが始動する。でも植物の生活で、嗅覚がいったいなんの役に立つのだろうか？　じつは、植物は「におい」によって、もっと正確にいえばＢＶＯＣ（Biogenic Volatile Organic Compounds＝生物由来揮発性有機物）の微粒子によって、周囲の環境から情報を得たり、植物どうしや昆虫とのコミュニケーションをはかったりしているのだ。これはたえず行なわれている〔くわしくは、次章を参照〕。

植物は自分でもにおいを作り出す。たとえばローズマリー、バジル、レモン、カンゾウなどのにおいは、明確な意味をもつメッセージだ。においは植物の「言葉」なのだ！　たくさんの異なる化合物であるにおいは、植物の言語として機能する。といっても、私たちはその言葉をまだ少しも理解できていない。確かなことは、それぞれの化合物が、何かはっきりとした情報を運んでいるということだけだ。たとえば、差し迫る危険の警告や、誘惑や拒絶のメッセージなどを伝えている。あらゆる被子植物（花を咲かせ、その種子が子房で覆われている植物のこと）が、特有のにおいを発して、花粉を媒介する昆虫とコミュニケーションをはかっていることは、以前から知られていた。この場合、においは、いわば「プライベート・メッセージ」だ。つまりほかの植物たちに送られた一般的な情報ではなく、決められた宛先と目的をもっている。でも、どうしてセージやローズマリーやカンゾウは、それぞれ特有の香りを花以外の箇所から発しているのだろうか？　その点はまだわかっていない。とにかく、少なくとも何か動機があることだけは確かだろう。においを作り出すにはたいへんなエネルギーが必要で、どんな植物もむだにエネルギーを使ったりはしない。こうした素朴な考察から出発して、人間が植物のメッセージを正確に解釈できるようになるまでには、まだまだ道は長い。

たとえるなら、今の私たちは、一八二二年にエジプト象形文字の解読に成功した古代エジプト学者ジャン＝フランソワ・シャンポリオンがそれ以前に置かれていた状況と変わらない。植物が発するいくつかの記号（におい）にメッセージがあることはすでに知られている。けれども、現在までにわかっているメッセージの数は、植物が発している揮発性化合物の種類を考えれば、ごくわずかだ。そのうえ、メッセージはいつも単一の分子だけに結びついているわけではなく、多くの種類の分子の混合物と結びついていることもある。そのため、解読作業はますますむずかしくなっていく。つまり、それぞれの分子が、決まった割合でほかの分子と混ざりあい、独特のメッセージを作り上げているのだ。もしかすると植物の言語には、ポリフォニー音楽のようなものがあるのかもしれない。だとすると、植物には個を超えた性質がそなわっているといえるだろう。つまり植物の言葉は、一つの声ではなく複数の声なのだ。そう考えると、植物がますます興味をそそる魅力的なものに見えてこないだろうか？

いつか植物の言葉を解読する鍵が見つかる日が来るだろう。その日が来るまでは、やれることはしっかりとやるべきだろう。植物が放出するBVOCからわかるメッセージの研究に集中しなければならない。たとえば、ジャスモン酸メチルが示すメッセージはすでに明らかになっている。これはストレスにさらされた多くの植物が放つ化合物だ。ジャスモン酸メチルは、「今日はぐあいが悪い」という明確なメッセージを伝えている。このように、植物どうしが送りあうBVOCの多くは、それぞれ決められたメッセージをもっている。種類の異なる植物であっても、同じメッセージを伝えるために同一の言葉を使っているのは、じつにおもしろい。もちろん、あらゆる植物が話せる共通語が存在するといっているわけではない。私がいいたいのは、異なるさまざまな言語すべてに共通する根っこのようなものが存在すると考えられるということだ。どの言語にもそなわっている意味もいくつかあるが、その他の意味はそれぞれの言語に（すなわち異なる種類の植物それぞれに）特有のものなのだろう。

さて、植物がストレスを感じるとメッセージを発するという話題に戻ろう。たくさんのBVOCには、植物用のSOS信号もふくまれている。SOS信号の化合物は、植物がストレスにさらされたときに作り出される。ストレスの原因は、ほかの生物によるものでも（菌類、バクテリア、昆虫など、植物の健康状態を大きく乱すあらゆる生物）、生物以外によるものでも（たとえば、寒すぎる、暑すぎる、酸素が足りない、空気や土壌が塩分をふくんでいたり、汚染されていたりする、など）、なんでもかまわない。そんなとき植物は、近くに生えている植物に（または、同じ個体内部の離れた部分に）対して、危険が迫っていることをリアルタイムで警告する。

いったいこの警告の目的はなんだろう？　目的は、基本的には身を守ることにある。ある植物が草食の昆虫に食べられているところを想像してほしい。植物はすぐにBVOCを放出し、攻撃を受けていることを近くの植物に伝える。警告を受けた植物は、危険を乗りきるために、ありとあらゆる防衛行動を開始する。その際、植物は驚きの戦略をとることが多いのだが、それについてはあとでくわしく説明する〔本書一三七～一三九ページを参照〕。一つだけ例をあげておくと、虫の攻撃に対抗し、葉を消化できなくする化合物を出したり、その葉を有毒にする化合物を作り出したりする植物さえある。

警報を発する植物として有名なのはトマトだろう。トマトは、草食の昆虫に襲われると、数百メートルも離れた場所に生えているほかの植物にも警告が届くほどの大量のＢＶＯＣを出す。

しかし、植物がこれほど有効な防衛戦略を実行できるのなら、どうしていまだに殺虫剤が必要とされるのか？　どうして植物は、捕食者の攻撃をまったく受けないぐらい徹底的に身を守ることができないのだろうか？　答えは簡単。自然界に生命が存在するのは、捕食するものとされるものとの競争からたえず作り出されるバランスのおかげだからである。つまり、こういうことだ。植物は捕食者の攻撃に対して、可能なかぎり防御行動をとる。それに対して、捕食者はたえず新しい戦略を編み出して植物を襲う。すると今度は植物が敵の新しい戦略に対抗して、さらに洗練された手段で応じる。互いに向上していく終わりのないメカニズムのなかにこそ、進化の引き金がある。地球上の生命が生存しつづけていけるかどうかも、このメカニズムにかかっている。

ハエトリグサの味覚

動物と同じように植物でも、嗅覚と味覚には密接な関係がある。

植物の場合、味覚の感覚器とは、栄養素として使われる化学物質をとりこむ受容体のことをさす。植物の根は地中でそうした化学物質を探しまわる。植物が行なっているこの地底探検を考えれば、あらゆる植物は例外なく最高レベルのグルメであり、肥えた「舌」をもっているのは明らかだ。そういうと「何をばかなことを！」と笑われるかもしれない。でも、少し考えてみてほしい。繊細な味覚をもつ人が、ある料理にごくわずかしか使われていない材料をいいあてる能力と、植物の根が数立方メートルの土のなかに隠された微量のミネラルを識別する能力とに、たいしたちがいはない。いや、よく考えてみると、一つだけちがいがある。それは、植物の方がまさっているということだ（まあ、よくあることだが）。実際、土のなかの微量な化学物質を知覚できる根は、どんな動物よりもはるかに優れた「舌」をもっている！　根はたえず土を味見して、硝酸塩、リン酸塩、カリウムといった「食欲をそそられる」栄養素を探している。そうしたミネラルが限られた場所にしかないときも、根は的確に見つけ出すのだ。そんなことをなぜ自信満々にいえるのかって？　植物の行動を観察すれば一目瞭然だからだ。植物は、ミネラルがより多く集まっている場所ではほかの場所より多くの根を伸ばす。そして、すべてのミネラルを吸収できるまで、どんどん伸ばしていく。一見した印象よりもはるかに洗練された行動をとるのだ。そもそも植物の根の大部分は、識別できた微小の化学物質を吸収するために存在している。植物は、エネルギーと資源をうまく用いながら、未来の利益を予測して行動するというわけだ。鉱山会社が、見こまれる利益を計算しながら、莫大な額を投資して新しい坑道を掘るのと似ているだろう。植物もまた、それと同じ知的な活動にいそしんでいる。

土壌には植物の求める栄養源がどこよりも豊富にあるため、植物の味覚を受けもつ部分は、まずは本能的に土のなかに栄養源を探しにいく。しかし、食事のしかたがちがう植物種もたくさんいる。それが、「肉食植物」だ〔日本では「食虫植物」という呼び名が一般的〕。

ハエトリグサは、植物学者が最初に発見した肉食植物であり、ここで少し触れておく必要があるだろう。

ノースカロライナ植民地の裕福な地主で、一七五四年から六五年までその地の総督だったアーサー・ドブスは、一七六〇年一月二十四日に、王立協会会員であるイギリスの植物学者ピーター・コリンソン（一六九四〜一七六八年）に手紙を書いた。そこには、ハエを捕まえることのできる驚きの新種の植物について記されていた。

それにしても、たいへん驚かされた植物といえば、オジギソウに似た未知の植物です。これにはたいそう興味をもっています。とても背が低い植物で、小さな球

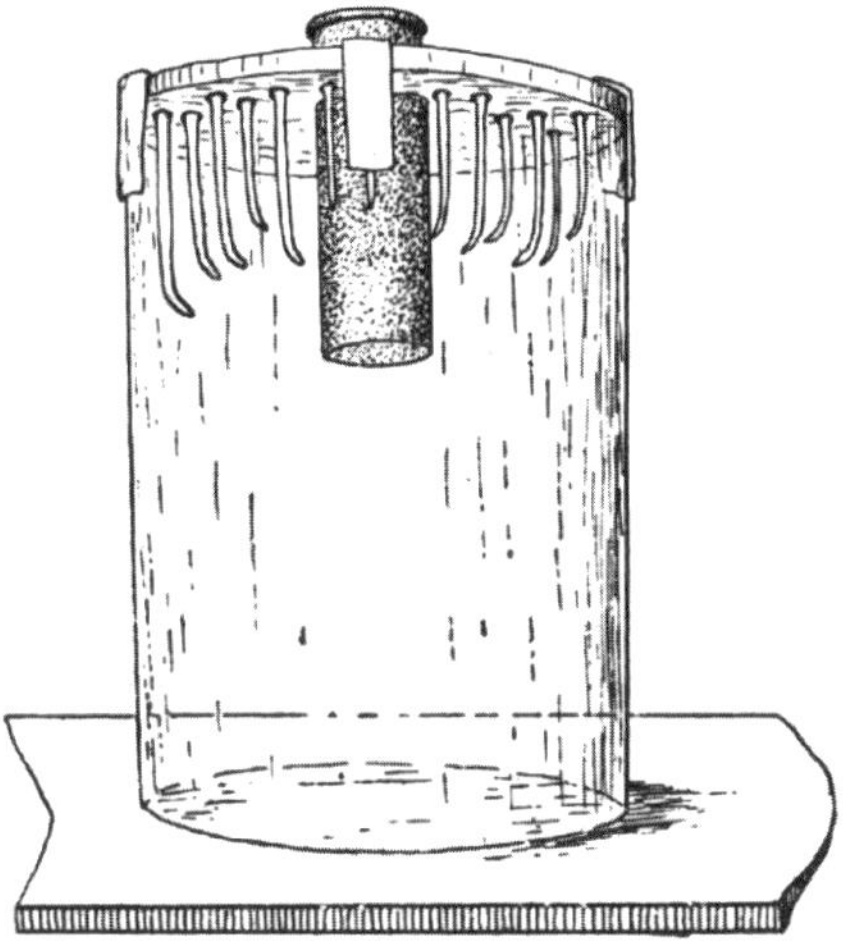
根が、栄養源のある方向に向きを変えて伸びていく。

体の一部のような細い葉をつけています。その葉は、財布の口によく似た二つの部分からなり――側面は上部が外側に反《そ》っています――縁にはたくさんのトゲがついています（キツネ捕獲用の鉄製のトラバサミに似ています）。何かが葉に触れたり、二枚の葉のあいだに落ちたりすると、突然、葉が閉じます。まるで罠のように、そこに落ちたどんな虫もどんなものも捕まえてしまうのです。この植物は白い花を咲かせます。私はこの驚異の植物を「ハエ捕りオジギソウ（Senstiva Acchiappamosche）」と名づけました。

ヨーロッパにはじめて届けられた驚異の植物の標本を、コリンソンはイギリスの博物学者ジョン・エリスのもとに届けた。エリスはこの植物を「ディオナエア・ムスキプラ」（*Dionaea muscipula* ＝ハエトリグサの学名）と名づけた。一七六九年、エリスは、この植物が肉食であることに気づき、カール・フォン・リンネに手紙で次のように伝えた。

この植物の精密な図を、葉と花の標本といっしょにあなたに送ります。この植物は肉食です。葉の上部の接合部分は、獲物を捕獲する機械のようになっています。その葉の中央には、餌食《えじき》となる不幸な虫をおびき寄せる餌が置かれています。たくさんの非常に小さな赤い腺が葉の内側の表面を覆い、そこから甘い汁が分泌され、哀れな虫を引き寄せているのでしょう。この敏感な部分が虫の足によって刺激されると、二枚の葉が起き上がります。

そして、あっというまに虫を捕まえると、トゲの並んだ葉をしっかり閉じて、虫が死ぬまで締めつけるのです。そのうえ、捕らえた獲物が逃げ出してしまわないように、それぞれの葉の中央部には赤い腺に囲まれて三本の小さな鋭いトゲが生えていて、獲物が逃げようとどんなにあがこうとも、結局はそこから抜け出せないのです。

エリスは確信した。この植物は……狩りをしているのだ！　しかしリンネの方は、エリスと同じようには考えていなかった。リンネはエリスの結論を否定し、この植物を「オジギソウ」の仲間に加えた。つまりハエトリグサの動きは、たんなる触覚刺激に対する反応であり、自発的な動きではないと考えたのだ。

今日の私たちには、ハエトリグサが虫を捕まえることは、はっきりわかっているが、リンネにとっては、さわると葉を閉じるオジギソウと同じタイプの植物に思えたのだ〔くわしくは、本書九六～九八ページを参照〕。エリスとリンネ、この二人の植物学者の観察は、とんでもなくちがう結論を導き出した。エリスによれば、ハエトリグサは動物を狩るハンターだった。いっぽうリンネによれば、さわると自動的な反応を返す植物でしかなかった。

二人の結論は、なぜこれほどちがうものになったのだろう？　あまり有名ではなかったエリスは、当時一般的だった説に影響を受けることなく、自分で観察したことだけを記述し、そこから論理的に結論を導き出した。いっぽう、すでに名声を極めていたリンネは、あの「自然の階梯（生物ピラミッド）」の考え方から逃れることができずにいた。生物どうしの上下関係を定めたこの考え方は、当時の科学界全体に認められていたものだ。リンネは目のまえの現実をねじ曲げて、明らかな事実を否定し、観察を理論に無理やりに従わせた。それほどまでに、リンネは生物の序列の考え方に影響を受けていたのだ。長い研究のすえ、この植物が虫を捕まえて殺す能力をもっていると認めざるをえない証拠に直面しても、リンネは、その植物が肉食性であると認める（すなわち、科学の目に照らして正しいと認める）ことを拒絶した。「植物の捕食行動など、とうてい考えられるものではない」という、ただそれだけの理由で。

しかし、ハエトリグサの能力は、だれの目にもはっきりしていた。ハエトリグサは本当に昆虫を捕まえて殺すことができるとしか思えない。それなのに、どんな理屈でそれを否定することができたのだろう？

リンネのような考え方を支持するために、当時の多くの植物学者は、まったくおかしな仮説をもちだした。彼らは、葉が動いたのは反射運動のせいであり（つまり、虫を殺そうという企てなしに葉は閉じた）、虫は飛べば自由になれるはずだったと主張したのである。さらに、虫が逃げ出さなかったのなら、それは虫が年老いていたか、みずから死を選んだためだとも考えた。今では一笑に付される説だが、当時の科学界は、ためらうことなくこの説を受け入れた。動物を狩ることのできる植物が実在するという説を否定できるのであれば、どんな説明でもよかったのだ。肉食植物が実在するという考えは、人を食う美しい木にあふれていた当時の荒唐《こうとう》無稽《むけい》な

ハエトリグサは、ノースカロライナとサウスカロライナ原産の植物である。そのことは、1769年9月23日にイギリスの博物学者ジョン・エリスがリンネに書いた手紙に添えられた絵の注釈に記されている。この手紙には、肉食植物に関するはじめての植物学的な記述がふくまれている。

冒険小説とたいして変わらないとみなされていたにちがいない。でも、ハエトリグサが、捕まえた虫を殺して消化するまで放そうとしないことについては、どうやって説明できるのだろう？　おいしくないものや消化できないものを捕らえたときは、すぐまた葉を開くという現象については、どう解釈するのだろう？

チャールズ・ダーウィンの登場とその一八七五年の著作によって、こうした問いに対してはじめてまともな答えが得られるようになった。その書名は、まさしく『食虫植物（*Insectivorous Plants*）』。ダーウィンのおかげで、科学界で「昆虫を食べる植物」について語られるようになったのだ。この「昆虫を食べる植物」という定義は、以前よりも真実に近づいているとはいえ、それでもまだ正確とはいえない。ダーウィンの時代には、昆虫どころかネズミやトカゲのような小動物を捕らえて消化する植物がすでにかなりの数発見され、観察されていたからだ。多くの種類の植物に「食虫植物」という名が与えられたのは、そうした植物がどれも虫しか狩らないからではない。十九世紀半ばになってもなお、植物と「肉食」という言葉を組みあわせることに大きな抵抗があったからだ。すでに当時、たくさんの種類の植物の生態が知られていた。たとえば、小さな哺乳類すらも捕まえて殺すことのできるウツボカズラの存在も知られていた。しかし、そんな事実はなんの役にも立たなかった。肉を栄養にして生きる植物が存在するなど、十九世紀の終わりにはまだ考えつきもしないことだったのだ。それにしても、どうしてそんな肉食を続ける植物がいるのだろうか？

これもまた進化の過程に原因がある。数千万年まえ、そのような種類の植物は、湿気の多い環境や沼地で進化していった。そうした場所は、窒素《ちっそ》（生命に必要な要素で、たんぱく質を構成する基本成分）が乏しいか、あるいはまったく利用できないこともあった。窒素の乏しい場所で生きる植物は、根と土に頼らない窒素摂取のしくみを作り上げなければならなかった。

この問題を解決したのは、植物の体のなかで地上に出ている部分だった。長い月日が経つにつれて、これらの植物は葉の形を変えていき、いつしか葉は本物の罠になり、空飛ぶ小さな窒素タンクを捕まえることができるようになったのだ。窒素タンクとは、もちろん昆虫のことだ。といっても、このタイプの植物は、虫を捕まえて殺すだけにとどまらない。葉の上で獲物を消化し、そこにふくまれている養分を吸収するのだ。消化能力があるかないかは、今なお、ある植物が肉食かどうかを判定する決め手となっている。実際、肉食植物は動物を捕らえるだけではなく、捕らえた動物を使って代謝を行なうこともできる。つまり酵素を作り、その酵素が動物を溶かし、動物にふくまれている栄養素を葉に吸収させることができるのだ。

ハエトリグサやウツボカズラのような恐ろしい捕食者が、実際にどのような狩りの技を駆使しているのか見てみよう。優れた狩人がするように、まずは獲物をおびき寄せる。たとえば、ハエトリグサは罠の上に——つまり、罠の形に変化した葉の上に——甘い香りのする糖類を分泌する（まさしく釣りの餌だ！）。それが虫をおびき寄せるのだ。ハエトリグサにむだづかいできるエネルギーはないため、葉に獲物が触れても、すぐに葉を閉じることはない（リンネの主張とはちがう）。食べられないものを吸収しようとしたり、虫に逃げられたりする危険を避けるためだ。虫が止まったのが葉の縁なら、罠にかからずに逃げられてしまうこともある。罠を閉じるのは、確実にしとめられるタイミングでなくてはならない。このため、ハエトリグサは、獲物が葉の真ん中まで入りこんでくるのを待ってから葉を閉じる。

この死の罠は二枚の葉からなっていて、それぞれの内側には小さな毛（感覚毛）が三本ずつ生えている。この毛が、錠を閉じる引き金としてはたらくのだ。しかし毛の一本に一度触れただけでは、罠は作動しない。少なくとも二度触れる必要があり、しかも二十秒以内にもう一度触れる必要がある。そのときはじめて、ハエトリグサは何か興味深いものが罠にかかったことを知り、葉を閉じる。捕まった虫はもがき、何度も毛に触れることになるが、それによってハエトリグサからますます強烈に締めつけられることになる。虫が動かなくなって死ぬと、葉は消化酵素を分泌しはじめ、ほとんど完全にその虫を溶かしてしまう。その後、ふたたび葉を開ける。このとき、植物と動物の激しい戦いの痕跡がまだ葉に残っているのが見てとれる。実際、ハエトリグサの葉の上に、捕まえて食べた昆虫の外骨格（外側の殻）が見つかることもめずらしくない。

次に、べつの恐ろしいハンターであるウツボカズラを見てみよう。ウツボカズラは、ハエトリグサとはべつの戦略で獲物を狩る。この植物は進化によって、奇妙な袋状の器官を発達させた。袋の縁には、甘くていいにおいのする物質がまかれている。においに引かれてやってきた動物は、甘い分泌液を吸おうと、においをたどって袋の上に現れる。そこで足をすべらせて袋のなかに落ちたら最後、二度と出ることはできない。この罠の袋の内側は、自然界においてこれ以上ないくらいにつるつるなのだ（そのなめらかさをまねしようとして、その特質を技術的に研究している者もいるほどだ）。罠のなかに落ちた哀れな動物は、消化液に浸され、安全な場所に這い上がろうとむだなあがきを何度もくり返したあげく、溺れ死ぬことになる。それから、ウツボカズラは獲物を消化し、栄養たっぷりのスープに変えると、ゆっくりと吸収するのだ。

ウツボカズラが食べるのは昆虫だけではない。トカゲなどの小さな爬虫《はちゅう》類や、かなり大きなネズミまで食べる。罠の袋の底には獲物の骨が沈殿している。それは、以前の狩りの戦利品だ。これから犠牲になる不運な動物たちにとっては、遅すぎる警告といえるだろう。

肉食植物は、おもしろい味覚をもつ植物の一例というだけではない。植物の食事についての考えを深めるための刺激的な糸口にもなる。一般に思われているよりも、肉食植物の種類は意外に多く、六百種以上が知られている。それらが、さまざまな動物を捕まえるために、数えきれないほどの罠や仕掛けを使っている。また、昆虫を捕まえて直接食べるのではなく、間接的に摂取している植物種もある。数年まえまでは、ある特定の種――肉を食べるという本来の意味で肉食植物と定義されている種――だけが、小動物を消化してそこから必要な栄養素を得る能力をもつと考えられていた。けれども、最近の研究によって、植物の世界では、動物から栄養を摂取することがかなり広範に行なわれていることがわかった。

ジャガイモやタバコ、またはキリ（桐。中国原産の樹木で、近年はヨーロッパでも見られるようになってきている）の葉を観察したことがある人は知っているかもしれないが、これらの葉の上に死んだ昆虫が見つかることが多い。それは、こうした植物の葉が、粘着性の液体や毒液を分泌して虫を殺すからだ。では、どうして自ら消化できないのに、そんなことをするのだろうか？

理由は簡単だ。しかもよく考えてみると、まったく賢い行動だということがわかる。昆虫の死骸はすぐに消化されないとしても、地面に落ちて腐敗し、窒素を発生させる。この窒素が、植物の食事を補う役割を果たすのだ。葉の上に死骸が残ると、まずはその植物についている細菌の養分になり、その後、その細菌が出す窒素を豊富にふくんだ廃棄物を、植物はたやすく吸収するというわけだ。

つまり、多くの植物が厳密には肉食ではないとはいえ、動物を利用してみずからの食事を多様で豊かなものにしている。研究者たちはそうした植物を「原肉食植物《プロト》」と呼んでいる。

しかし、植物の驚くべき食事はこれだけではない。二〇一二年初頭に、ミミズを狩るある植物についての論文が発表された。この植物は、なんと地中に罠を張るのだ！　その植物はスミレの一種で、ブラジルのセラード〔ブラジル高原に広がる草原〕の乾燥してやせた土壌で育つ。そして地中で葉を成長させ、あちこちにいる線虫や小さな虫を捕まえて消化することができる。葉に粘着力があり、近づいたミミズがその葉にくっついてしまうからだ。ミミズは消化され、窒素が不足しがちな食事を補うサプリメントとして利用される。これは非常に重要な発見だ。地中で狩りを行なうことが明らかにされたのははじめてのことで、もしかしたら、やせた土地によく見られるほかの植物種も同じような狩りをしているかもしれない。

すでに述べたように、現在、肉食とみなされている植物は約六百種。けれども、この数字に、いわゆる「原肉食植物《プロト》」と、その他の地中のハンターの数を加えると、肉食植物の種類はさらに増えるだろう。そして、植物の食事についてまったく新しい概念を得ることができるかもしれない。

オジギソウの触覚

植物が触覚をもっているかどうか考えるために、二つの素朴な問いを立ててみよう。まず「植物は、外にある何かに触れられたことがわかるのか？」という問いと、「植物自身は自覚的に何かに触れて、そこから何かの情報を引き出すことができるのか？」という問いだ。

植物の触覚は、聴覚と密接に結びついている。どちらの感覚も、「機械（物理刺激）受容チャネル」と呼ばれる小さな器官が使われている。これは植物のどの部分にも見られる器官だが、とくに表皮細胞、つまり外界と直接接触する細胞に密集している。表皮細胞は特別な受容体（まさしく、それが機械受容チャネル）でいっぱいで、植物が何かに触れたり、振動が届いたりしたときに、この受容体が作動する。ここで注意が必要だ。動物と同じような感覚器官をもたないからといって、植物がそれに対応する感覚能力をもっていないとは断言できない。受容体は、植物が感覚をもっていることを示す重要な手がかりだ。とはいえ、受容体があるからといって、それだけで植物が感覚をもっていると断言することもできない。

はたして植物は、さわられたことに気づいているのだろうか？　その答えを得るには、オジギソウの行動を観察するだけで充分だろう。これは特別な種類のミモザで、軽く触れると葉を閉じる。まるでシャイな人のようだ（イタリア語では、オジギソウのことを〝感じやすい《センシティヴァ》繊細な植物〟というが、シャイで繊細な人がうつむく姿に見えることからきている）。そうした動きを引き起こすには、ちょっと触れるだけでいい。これは反射による動きではない（たとえば、水に濡れたり風に揺れたりしただけでは葉は閉じないが、手でさわれば閉じる。これは刺激を区別している証拠だ）。この動きはまぎれもなく植物の自覚的な活動だ。その目的については、いまだに議論は続いている。それでも、身を守るために行なっていることだけは明らかなようだ。いったいオジギソウは何から身を守ろうとしているのだろう？　それはまったくわかっていない。いきなり葉を閉じる行動は、葉に止まろうとする草食性の昆虫を驚かせて追い払うためだという説もある。また、オジギソウがこの能力を進化させてきたのは、ちぢこまることで草食動物に見つかりにくくするためだというべつの説もある。どちらの説が正しいかは、たいして重要ではない。ここで重要なのは、オジギソウは、極端に発達した触覚をもっているだけではなく、刺激の種類を区別する能力ま

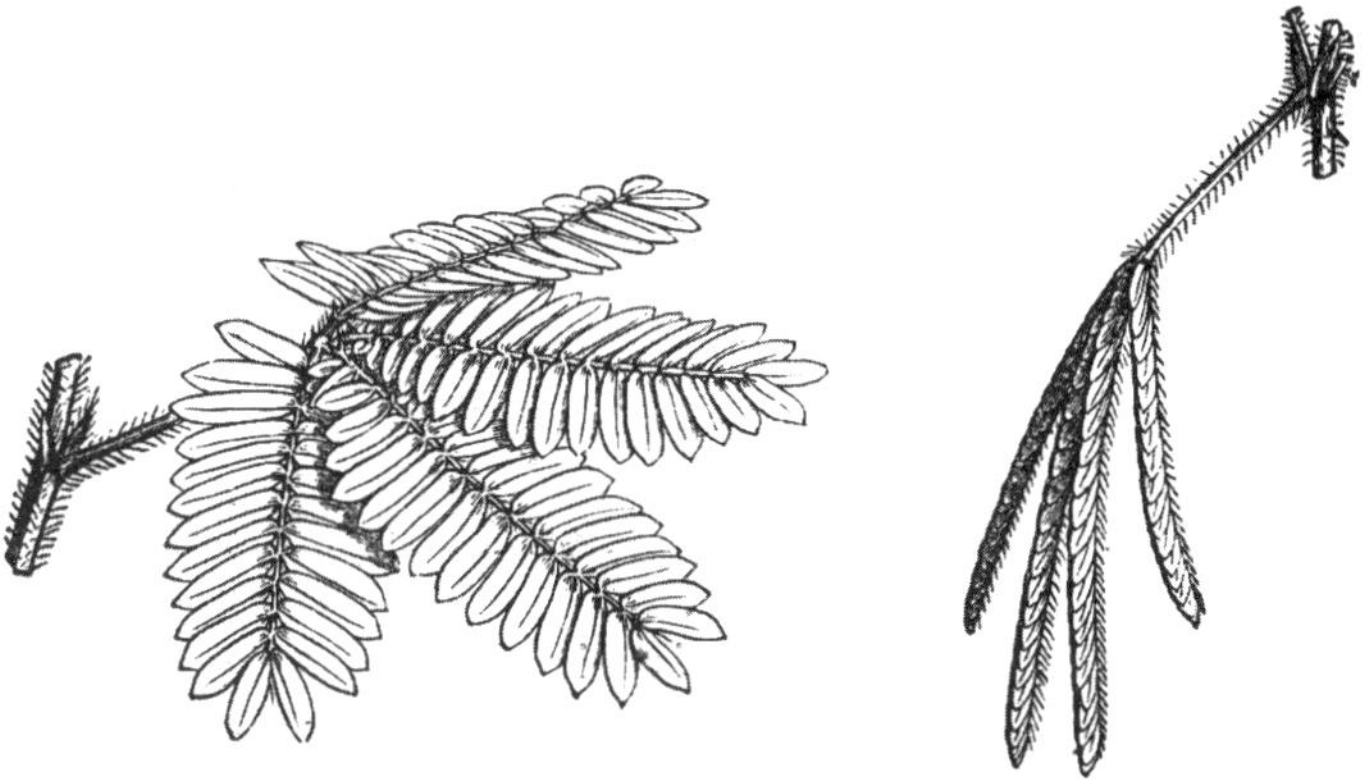

葉の開いたオジギソウ（左）と葉の閉じたオジギソウ（右）。この植物には、厳密な触覚の刺激に応じてすぐに葉を閉じる能力がある。

でもっているということだ。つまり、ある刺激が危険ではないとわかれば葉を閉じないといったぐあいに、刺激に応じて自分の行動を変えることさえできる。

オジギソウには驚異の学習能力もそなわっている。そのことにはじめて気づいたのは、科学の巨人ジャン＝バティスト・ラマルク（一七四四～一八二九年）である。「生物学」という言葉を最初に使ったのもラマルクだ。ラマルクは、若い共同研究者で植物学者のオーギュスタン・ピラミュ・ドゥ・カンドール（一七七八～一八四一年）に頼んで、ある実験を行なってもらった。それは、馬車にたくさんのオジギソウを積んで、パリの街路を走り、オジギソウの様子を記述することだった。ラマルクが奇妙な依頼をしてくるのは毎度のことだったので、ドゥ・カンドールは平然とオジギソウの入った大量の容器を馬車に積み、パリを走りまわった。このおかしな荷物とのドライブの最中に、ドゥ・カンドールは予想外の事態に気がついた。どのオジギソウも、街路を走る馬車の振動に対して、葉を閉じる反応を見せたが、少しするとふたたび葉を開いたのだ。まるでオジギソウが馬車の振動に慣れたかのようだった。

この奇妙な現象の説明は簡単で、ドゥ・カンドールにもすぐにわかった。オジギソウは、馬車の振動は危険ではないことをたちまちのうちに学習し、その結果、無意味に葉を閉じてエネルギーをむだづかいするのをやめることにしたのだ。

植物に触覚があることを教えてくれるのは、オジギソウだけではない。葉や花の表面で起ることを感じとれるべつの植物といえば、恐ろしい肉食植物だ。つい先ほど述べたように、この種の植物は並外れて優れた罠を使用している。でも、罠はいつ作動するのだろう？　それは、まったく絶妙なタイミングで作動する。つまり、虫が葉の上に止まったときだ。ということは、肉食植物は、何かが自分に触れたことをはっきりと知覚でき、おまけに、その接触によって引き起こされた触覚がどんなタイプのものなのかも識別できる。

残忍な肉食植物をもちださなくても、多くの植物が同じような能力をもっていることが確認できる。たとえば、多くの花は、花粉を媒介する昆虫が花に入りこむと花弁を閉じるという戦略をとる。虫を閉じこめて、花粉をたっぷりと体につけさせ、それからようやく花を開いて虫を解放するのだ。これも、触覚なしにはできない芸当だ。植物には受動的な触覚能力がそなわっていて、自分の上に何かが置かれたらすぐに気づく。そのことがまだ信じられないのなら、さらに次のような問いを立ててみよう。「植物は、能動的な触覚能力ももっているのだろうか？」。いいかえるなら、植物は情報を引き出すために、自発的に外部の対象に触れることはできるのだろうか？

これに答えるには、根がどのような行動をとるのか考えてみるのがいちばんだろう。ごぞんじのように、どんな植物にも何百万本という大量の根がついている（何億本のときもある）。根は地面を貫いて伸び、水や養分を探し出し、それに近づくことができる（または、危険な物質から遠ざかることもできる）。もし、養分や水に向かって伸びている最中に、根が石のような障害物にぶつかったなら、どうなるだろう？　根の成長はそこでさえぎられるのだろうか？　それとも、あらかじめ定められた方向に向きを変えるのだろうか？（たとえば、何かにぶつかれば、必ず下方に進むとか、必ず右方向に逸《そ》れるとか）　もちろんどちらの答えもノーだ。

実験室では、根が障害物に「触れる」と、障害物を回避する方法を探すために、そのまわりをぐるりと回りながら成長を続けていく様子が観察された。この重要な機能を引き受けているのは、根の先端部、つまり根端だ。根端は、ほかにも驚くような能力をたくさんそなえているが、それについては第5章でとりあげることにしよう。根端は、障害物に触れ、それがどうなっているのかを調べ、確認できればふたたび動きはじめる。根がこうした能力をもっていることは、簡単に理解できると思う。実際、障害物に触れて迂回することができなかったなら、植物は石の多い土壌のなかにどうやって根を生やすことができるというのだろう？　では、根以外のべつの部分では、触覚はどのように機能しているのだろうか？

植物の地上部分の触覚に関する好例は、つる性植物（つるのある植物すべてのこと）である。ここではエンドウを見てみよう。このひょろひょろした植物は、とても敏感なつるを生やしている。つるは何かに触れると、たちどころに丸く巻きはじめる。接触した対象に巻きつくためだ。これは、非常に多くの植物に見られる行動でもある。植物は成長するあいだ体を支えてもらう支柱を探し、対象に触れることによって、できるだけいい柱を選び、それにしがみつく。これは植物に触覚があることを証明するのにうってつけの例ではないだろうか？　おまけに、この感覚は、植物の世界では大流行しているようなのだ。

じつは、ここ三、四十年のあいだ（つまり統計がとられはじめてから今にいたるまで）、つる性植物の数はずっと増加傾向にあり、しっかりとした茎のある植物の数をしのぐ勢いとなっている。ここで、自分が植物になったと想像してみてほしい。あなたは、赤道直下の森のなかに芽吹いたばかりの小さな植物だ。そこにはたくさんの種類のつる性植物が生えている。生まれたばかか

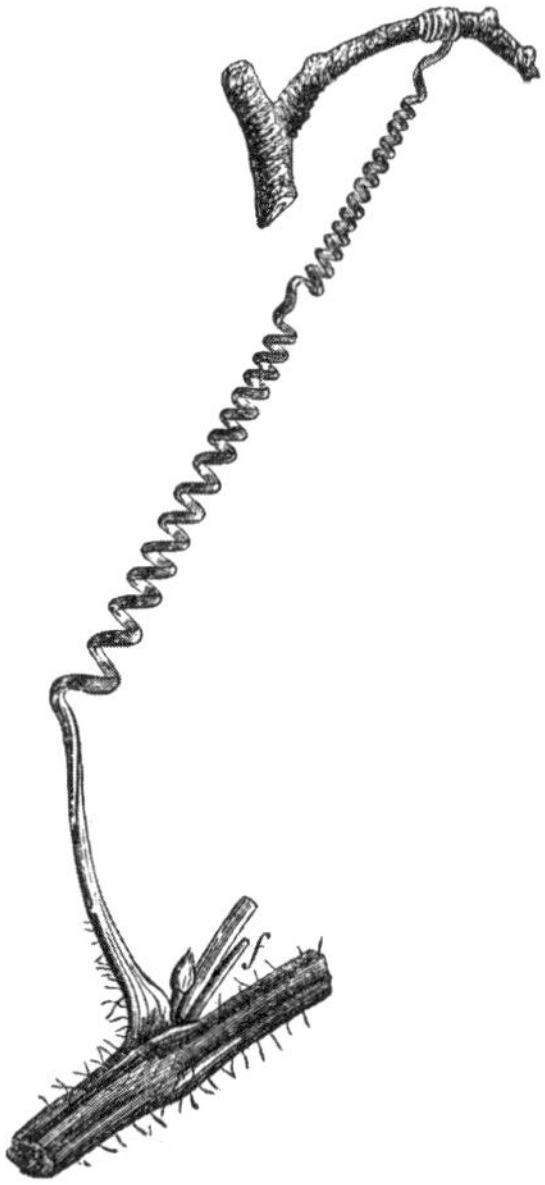

ブリオニアの巻きひげ。

りの小さなあなたは、なんとか生き延びなければならない。つまり、背を伸ばし、光に届かなければならない。

茎が充分に伸びて、光を受けられる高さに成長するまで、大量のエネルギーを消費しながら苦しい数年間を耐え忍ばなければならないだろう。そう聞くと不安になるだろうか？　じつはべつの選択肢もある。もっと短期間ですむ方法、つまり、つる性植物が選びとっている方法だ。苦しい日々を耐え抜くなんて考えもしない本当の怠け者は、背を伸ばすためにいちばんの近道をとる。それは、すでにしっかり立っている何かの支柱にしがみつくことだ。そうすれば、短い時間で光にたどりつけるうえに、貴重なエネルギーをむだにすることもない。つる性植物のこの戦略は、私たち人間にもよく見られる行動ではないだろうか？

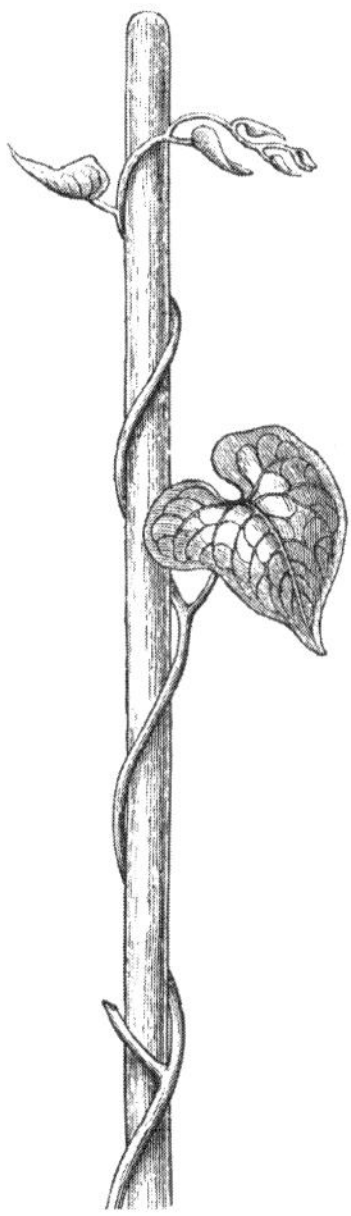
つる性植物の例。マルバアサガオ。

ブドウの聴覚

次にとりあげる植物の感覚は、もっとも頻繁に論争の的になっている。でも、多くの人たちの想像をかきたてるものでもある。それは聴覚だ。植物には私たちの話が聞こえているのだろうか？　もしそうなら、植物に話しかけてみるべきなのだろうか？　庭仕事をしたことがあれば、一度くらいはそんなふうに思ったことがあるだろう。自宅で植物を育てた経験があれば、それについて何らかの答えをもっているかもしれない。きっと多くの人が「話しかけていれば植物はより早く成長する」というだろう。いっぽうで「話しかけようが話しかけまいが植物にとってはなんのちがいもない」と主張する人もいるだろう。なるほど。どちらも正しいように思える。この問題をはっきりさせるには、一歩ひいて、視野を広げて考えてみるべきだろう。

　まずは、人間が音を聞くしくみを簡単に見ておこう。とりあえず聴覚を、一般的な理解どおりに「音を聞くしくみ」と定義しておく。聴覚用の器官は、人間においても動物の多くにおいても、耳である。ごぞんじのように、音の正体は振動だ。音波という形をとって、空気中を移動し、耳介《じかい》〔耳のうち、外側に張り出した部分〕がそれをキャッチする。

　耳介は、音波を鼓膜にうまく誘導する。鼓膜は振動して、私たちが波を音の感覚に変換するための出発点となっている。実際、鼓膜の物理的な動きが電気信号に変わり、電気信号が聴覚神経を通って脳に情報を伝える。脳はその情報を「音」として知覚する。つまり聴覚は、音の運び屋としていつも空気を利用しているのだ。空気がなければ（つまり真空なら）、音波の伝達は不可能になり、当然、私たちには何も聞こえなくなるだろう。

　だれもが知っていることだが、植物は耳をもっていない。だからといって、どうということもない。本書をここまで読んできた読者ならわかるはずだ。植物は目がなくても見ることができ、舌がなくても味わうことができ、鼻がないのににおいを嗅ぎ、おまけに胃がないのに消化することができる。ならば耳介がないだけで、植物が音を聞いてないなんていえないはずだ。

聴覚についても、植物と人間のちがいは、基本的には進化のしかたにその原因がある。人間は頭部の両側に耳があるが（両側からやってくる音波をとらえるため）、それは多くの動物と同じように、音の運び屋として空気を利用しているからだ。でも、植物はちがう。植物は、音を伝えるためにべつの運び屋も利用している。それは、土だ。

では、どうやって植物は音を聞いているのだろう？　植物は、耳介をもたない動物（かなり多い）がよく利用する方法を使っている。ヘビやミミズなど多くの動物が、耳介がないのに音が聞こえていることを不思議に思ったことはないだろうか？　それらの動物はどうやって音を聞いているのだろう？

耳介のない動物が、植物と同じように音を聞くことができるのは、そうした動物が、非常に優れた振動の運び屋、つまり土のなかで暮らしながら進化していったおかげだ。映画のこんなワンシーンを観たことはないだろうか？　アメリカ先住民が地面に片耳をつけて、はるか彼方からだんだんと近づいてくる馬車の音を聞いているシーンだ。植物も（ヘビも、モグラも、ミミズも）これと同じテクニックを使っている。

土は振動が非常に伝わりやすいので、地中では音を聞くための耳介は必要ない。植物の一個体を構成するすべての細胞が、振動をとらえることができる。あらゆる植物細胞には機械受容チャネルがそなわっているからだ。機械受容チャネルについては、触覚をとりあげたときにすでに説明した。音を聞く能力は、植物の体全体がもっていて、人間のように一つの器官に集中してはいない。つまり、植物は全身で音を聞く。地上に出ている部分も地中にもぐっている部分も、植物の体全体が、無数の小さな耳でびっしり覆いつくされているようなものだ。植物の聴覚も、ほかの感覚と同じように、植物の生育環境に合わせて進化してきた。体の半分が地面のなかに埋まっている（地中部分が、もっとも敏感な部分でもある）植物ならではの進化の道のりをたどってきたのだ。

地中に棲《す》む動物や、地面と深くかかわりながら生きている動物とまったく同じように、植物は、耳や耳のかわりになる特別な感覚器官を発達させる必要がなかった。そんなものがなくても、音をはっきりと聞くことができるからだ。

機械受容チャネルがどんなはたらきをするのか、簡単な例をあげて説明してみよう。ディスコに行ったことがあればわかると思うが、ディスコでは、とても強い振動を体に受け、こだまのような反響を体のなかに感じる。だいたい腹のあたりだ。耳が聞こえない人も、このタイプの音（とくに、最大ボリュームの低音）なら感じとれる。音波が体を震わせるからだ。植物にとって地面は、毎日開いているディスコのようなものだ。植物は、基本的には私たちがディスコで感じるのと同じように音を感じとっているが、もちろん植物の方がずっと洗練されている。

ここ数年、植物の聴覚能力を証明しようと、たくさんの実験が行なわれてきた。実験室での研究からフィールド研究まで、得られた結果はどれも興味深いものだった（たとえば、音にさらされることによって、植物の遺伝子発現〔遺伝子の情報に基づいてたんぱく質が合成されること〕が多様な変化を見せることがつい最近確認された）。

フィレンツェ大学国際植物ニューロバイオロジー研究所（ＬＩＮＶ）〔共著者のひとり、マンクーゾが所長を務める〕は、音響機器分野のトップ企業ボーズの資金援助と、イタリアのトスカーナ州モンタルチーノのブドウ農家の協力を得て、五年以上を費やして、音楽を聞かせながらブドウの木を育てる実験を行なった。

すると、驚くべき結果が得られた。音楽が流されるなかで育ったブドウは、まったく音楽を流さずに育てられたブドウよりも生育状態がよかったのだ。それだけではない。成熟が早いうえに、味、色、ポリフェノールの含有量の点で優れたブドウを実らせた。おまけに、音楽には害虫を混乱させ、木から遠ざける効果もあった。害虫駆除に音が使えるなら、殺虫剤の使用を大幅に減らし、有機農業の新しい革命的な一部門として、「音響農業」を打ち立てることもできるだろう。二〇一一年、この実験は、国連主催の「ヨーロッパ‐ブラジル持続可能な開発会議（ＥＵＢＲＡ）」によって、今後二十年でグリーン経済〔環境保全や持続可能な循環型社会などに適合する経済〕の世界を実現可能にする百のプロジェクトの一つに選ばれた。

とはいえ、これらは驚くことではないのかもしれない。すでに何年もまえから音楽は、発作を起こしたり、昏睡状態に陥ったりした患者の処置や、てんかんや睡眠障害の患者の治療に利用され、成果を上げている。乳牛も音楽（クラシック音楽）を楽しんでいるように見えるし、かの有名な日本の神戸牛を飼育する農家では、音楽を聞かせているところもあるらしい。また個人競技のスポーツをしている人なら知っていることだが、自分用の特別なプレイリストを作って音楽を聴きながら運動をした方が、ドーピングよりもずっと大きな効果がある。だから、イヤホンを着けたまま試合に臨むことは、すべての国際大会で禁止されている（ニューヨークシティマラソンでもそうだ）。植物についても科学的な検証が行なわれた結果、音楽が植物に効果をもたらすことはまちがいない。けれども、そうした効果がどのように起こるのか、すべてがわかっているわけではない。ただ、少なくとも植物には音楽のジャンルは区別できず、音楽の好みがあるわけでもないことだけははっきりしている。

その点については、ここで少し触れておこう。じつは、植物の成長に影響を及ぼしているのは音楽のジャンルではなく、音楽を構成する音の周波数なのだ。ある一定の周波数、とくに低周波（一〇〇〜五〇〇ヘルツの音）が、種子の発芽、植物の成長、根の伸長にいい影響を与える。逆に高周波には成長を抑える効果がある。

植物の地上部分ではなく、地中にもぐっている部分に対して最近行なわれた実験によれば、根はかなり幅広い帯域の音の振動を知覚し、その音に影響を受け、「屈音性」と呼ばれる性質にしたがって方向を定めながら成長することが確認された。つまり、根も音を聞くことができ、しかもその周波数を識別することができる。知覚した振動に応じて、音が聞こえてくる方に向かうか、それとも遠ざかるかを決めるのだ。でも、根が音を知覚できたとして、いったいなんの役に立つのだろうか？　それはまだはっきりとはわかっていない。ただ、この問いに対して最初に出された仮説はなかなか興味深いので、以下に紹介しよう。

植物は地面から伝わってくる音の振動を聞いて情報を得る能力があるとされる。とはいえ、ほんの少しまえまでは、そうして得た情報を植物どうしで伝えあったり、植物自身が音を発生させたりはできないと考えられていた。ところが、二〇一二年、イタリアで行なわれた研究によって、根は音を発生できることがわかった。どうやって音を出しているのかはまだはっきりしないが、少なくとも根が音を出すことが確認された。

その音は、とりあえず「クリッキング」と名づけられた。聞こえてくる音が、「カチッ」というコンピューター用マウスのクリック音に似ているからだ。この非常に小さな「カチッ」という音は、おそらく細胞が成長するときに細胞壁（硬いセルロースで作られている）が壊れる音だと考えられる。

自発的に音を出しているわけではないとはいえ、ともかく植物が音を出しているという事実は、とても重要だ。この発見は、植物のコミュニケーションに関する研究において、まったく新しい扉を開いてくれる。つまり、根が音を発生させたり、音を知覚できたりするならば、地下では、私たちがまだ知らない方法で植物のコミュニケーションが行なわれているかもしれない。

二〇一二年に発表されたいくつかの研究結果によれば、根は、群れを作る動物に典型的に見られる組織的な動きをとることが確認された。そこから推測できるのは、植物は、根系（植物の一個体の根の総体）のなかでコミュニケーションをとりながら、うまく根を伸ばして効果的に地中を探検しているのではないかということだ。移動することができず、一定の場所にあるものしか自由に活用できない植物にとって、音でコミュニケーションがとれるなら、じつに大きな利点になるだろう！

新しい事実が発見され、根どうしが音を使ってコミュニケーションを行なえるという説が証明できた暁《あかつき》には、従来の植物観は完全に変わってしまうにちがいない。

植物には、さらに15の感覚がある！

これまで見てきたように、植物は、人間と非常によく似た五感、つまり視覚、嗅覚、味覚、聴覚、触覚をそなえている。つまり感覚の鋭さについては、私たち人間に劣ることなく、非常によく似ているといえる。ところが、じつはそうではない。植物は人間よりもずっと敏感なのだ。人間のもっていない「感覚」を、少なくとも十五はもっているのだから！

そうした感覚のなかには、なぜそれが植物において発達することになったのか、ちょっと考えればすぐにわかるものもある。たとえば、植物は、湿度計のようなものをそなえていて、地面の湿りぐあいを正確に測定でき、かなり遠くにある水源も感知できる。植物がなんのためにこの特別な能力をもっているのかは容易に想像がつくだろう。自由に動ける人間にとっては、あまり必要のない能力だ。

植物はほかにも興味深い感覚をもっている。たとえば、重力を感知する能力や、磁場（これは成長に影響を与える）を感知する能力。空気中や地中にふくまれている化学物質を感知し、測定する能力もある。

こうした感覚は、根にそなわっているものもあれば、葉にそなわっているものもある。さらには植物の体全体に散らばっているものもある。驚くべきは、こうした植物の感覚能力が並外れて優れていることだ。実際、植物は、ごくわずかな量の化学物質を、成長に必要なものであれ有害なものであれ、根から数メートル離れていても感知し、識別することができる。人間の鼻など、とうていかなわない！　植物の根は、栄養素を知覚するとその方向に向きを変える。そして栄養素をめざして伸び、たどりつくと吸収する。反対に、動物にも植物にも危険な汚染物質や化合物がある場合には（たとえば、鉛、カドミウム、クロムなど。残念ながら、このような土壌中の有害物質の含有量は増えるいっぽうだ）、根はできるだけ遠ざかろうとする。

植物に化学物質を探知する力があることは、一世紀ほどまえにはすでに知られており、詳細な研究が行なわれていた。けれども、その研究は正しい方向（つまり、植物に感覚があるという考え）に向かうことはなかった。その結果、私たちの文化では、植物は知覚能力をそなえた（す

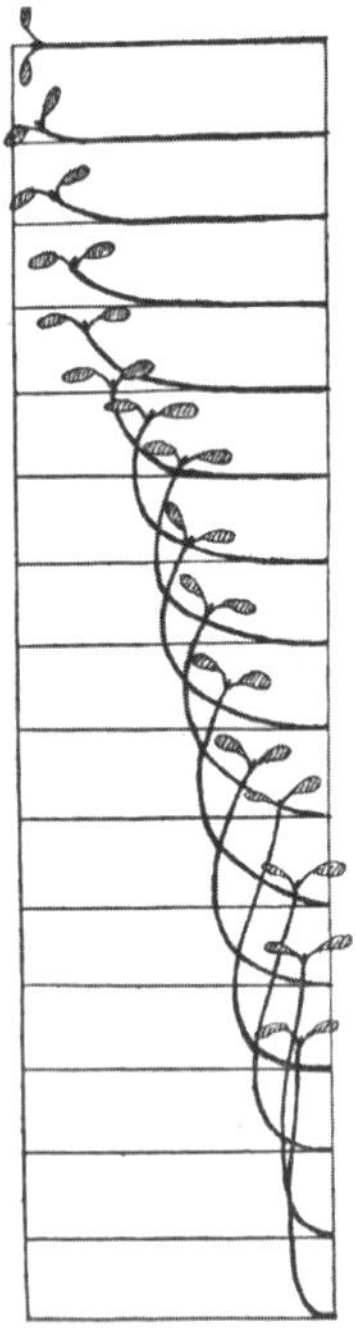

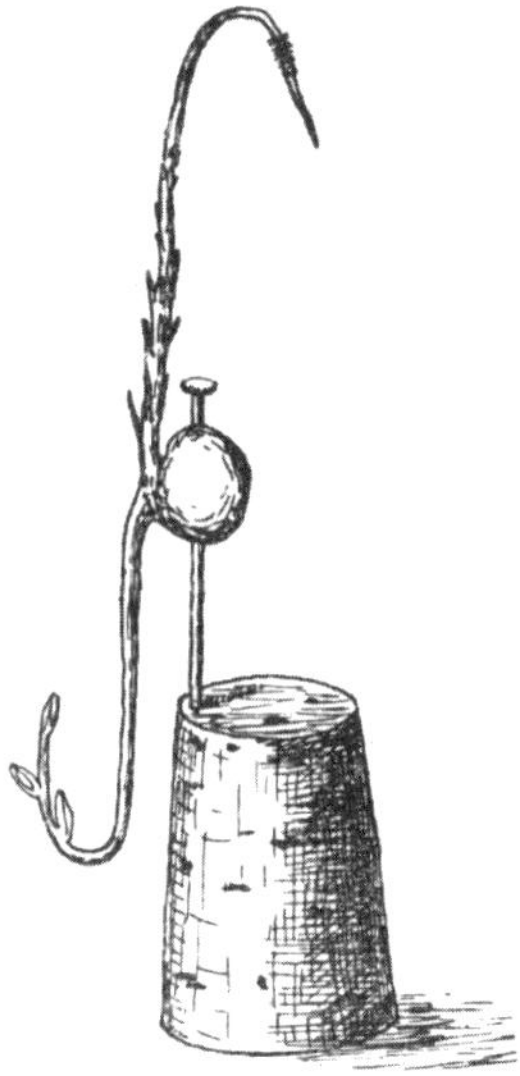

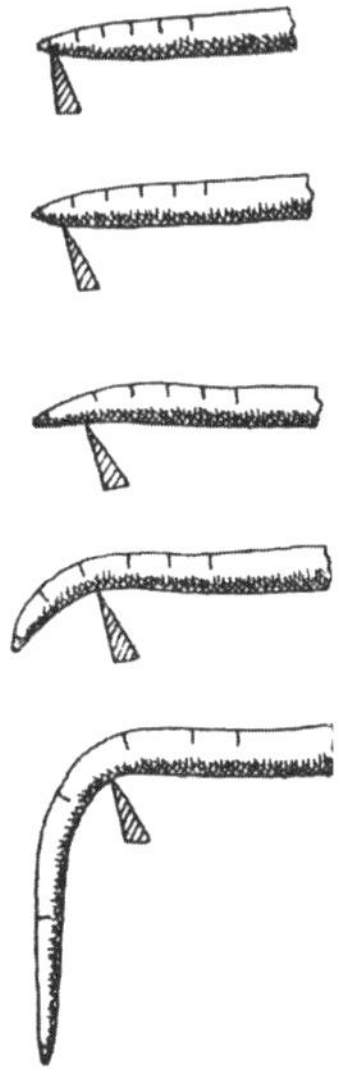

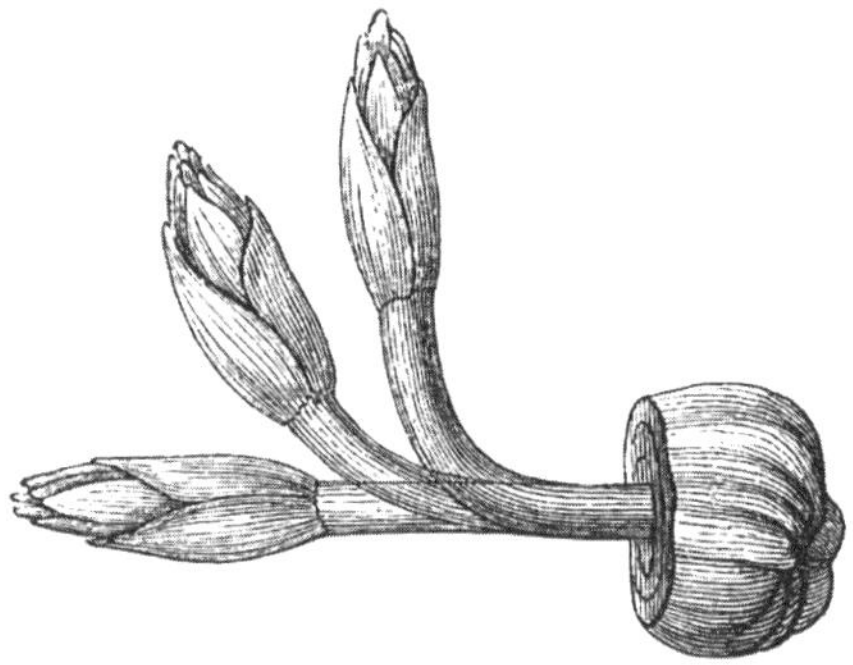

植物が重力を感知する例。植物は重力の向きを知覚することができる。根の場合は、重力のかかる方向に向かって成長する。枝や茎の場合は、重力の向きと反対方向に成長する。

なわち、感じる能力のある）存在とはみなされず、受動的で無感覚で、動物にそなわっている特質をまったくもたない生き物だとされている。そういう見方は今も変わっていない。でも植物の方は、人間が植物を見くだしていることなどこれっぽっちも気にせずに、驚異的な能力を発揮して、さまざまな分野で私たちにかけがえのない恵みを与えてくれている。

植物は数万種類の分子を合成し（その多くを人間は製薬に利用する）、酸素を作り出し、もっとも広く使われている建材（木材）を与えてくれる。また、大昔に植物が作ってくれたエネルギー資源（化石燃料）は、ここ数世紀のあいだに人類の技術発展の土台になった。このように植物は、ほかの何ものにも代えがたい恩恵を人類にもたらしたが、それだけではない。植物は、地球を環境汚染から救うために、現実的で実行可能な唯一の解決手段でもあるのだ。

一例として、トリクロロエチレン（ＴＣＥ）という化合物をあげてみよう。これはプラスチック工場で用いられる有機溶剤で、工業国では広い範囲で水資源の汚染を引き起こしている。ＴＣＥの分子構造を破壊するのはほぼ不可能で、この汚染物質は数万年ものあいだ、変質することなく残りつづける。まさに有毒で危険な怪物だ。でも、植物はそれを楽々と吸収し、塩素ガス、二酸化炭素、水に変えることができる。つまり、この物質を分解してくれるのだ。

人間にとって非常に危険な汚染物質（たいていは人間自身が作り出したものだ）を無害化し、土と水をきれいにしてくれる植物の驚異的能力は、さまざまな汚染除去の技術に利用されている。こうした技術は「ファイト（フィト）レメディエーション」と呼ばれ、バイオテクノロジーの一つといえる。土壌浄化の解決策として、技術的にも経済的にも大きな可能性を秘めているが、この技術の活用はまだはじまったばかりだ。

それでも、このまま土壌の汚染を放っておけば、ますますひどくなる汚染に耐えきれず、さまざまな植物種が一つまた一つと絶滅していくことになるだろう。そうなれば、どれほど多くの問題を未解決のまま残すことになってしまうだろうか。そして、コストがかからず、悪影響もなしに、地球の汚染を浄化するという人類の未来の可能性も、みずから手放してしまうことになるだろう。

第4章

未知のコミュニケーション

こんな惑星を想像してみてほしい。その架空の星では、植物がコミュニケーションのしかたを知っている。植物どうしで情報を交換することができ、動物に自分のことを理解してもらうこともできる。もちろんこれには、もっとも複雑な動物である人間もふくまれる。この星では、植物は自分たちの言語を使って動物と「話をする」ことができ、うまく動物を説得して必要な助けを借りることもできる。

植物は、ほかの植物や動物を情報ネットワークとして利用し、植物が生まれながらにもっている限界を超えて、探検調査の範囲を広げることができる。ほかの種族からちょっとしたサービスを受けたり、必要な場合には問題に介入してもらったりもできる。植物は動けないので、とくに草食の捕食者から身を守らなければならないときは、そうした介入が必要になる。さらに、繁殖して世界中に広がっていくために、動物に手伝ってもらうこともできる。その世界では、私たちの知っているかぎりもっとも受動的で、無防備で、静かな生物、つまり植物が、ごく小さな虫から人間にいたるまで、あらゆる動物の生活の基盤となっている。ある意味では動物の生活を作り上げているともいえる。

さて、以上のような世界をうまく想像できただろうか？　じつは、この世界は実在する。それは、私たちの地球である！

植物の内部コミュニケーション

◆そこにだれかいるの？

「植物の一個体は、その内部でコミュニケーションをとることができるのか？」という問いについて考えるまえに、まずは「もし植物が本当に特別なコミュニケーション能力をもっているとしたら、それはいったいなんの役に立つのか？」について考えることからはじめよう。この問いに答えられれば、根が葉に情報を伝えたり、逆に葉が根に情報を伝えたりすることが、植物にとってどのような意味があるのかがわかるだろう。

植物は感覚を通して、周囲の情報を集め、自分がどういう状況に置かれているかを確認する。

異なる十種類の変数《パラメーター》を測定し、非常に厳密なデータを作り上げることができるのだ。けれど、コンピューターとは異なり、大量の情報を延々と集めて蓄積する必要はない。生物にしてみれば、集めた情報を実際にうまく役立てることの方が重要だ。

ある植物の根が「地中に水がない」と感知したり、葉が「捕食者から攻撃を受けている」と気づいたりした場合を考えてみよう。すぐにこの情報を、体のほかの部分に伝えなければならない。情報の伝達が遅れれば、個体全体の生存を危険にさらすことになりかねないからだ。こうした伝達は必要不可欠だが、はたしてそれは本当にコミュニケーションといえるのだろうか？

その答えを出すために、まずはコミュニケーションとは何かを定義してみよう。コミュニケーションという言葉の意味は、だれもが知っている。でも、一般的な言葉であっても、ときにその意味をきちんと定義しなおしてみるのは悪くない。そうすれば、その言葉が本来もっている意味を理解できる。「コミュニケーション」という言葉は、もっとも一般的な定義によると、メッセージを発信者から受信者に伝えることを意味する。このため、コミュニケーションには、三つの要素が必要となる。それは「メッセージ」「メッセージを送る発信者」「メッセージを受けとる受信者」だ。このコミュニケーションの基本モデルでは、二つの主体（発信者と受信者）が異なる個体でなければならないとはされていない。実際、人間の体の機能を考えてみれば（ほかの動物でも同じだが）、一つの個体内の異なる部分のあいだでもコミュニケーションがとられていることがよくわかる。たとえば、何かに足をぶつけて痛みを感じたとしよう。痛みを感じたというのは、足と脳のあいだでコミュニケーションがあったことを意味する。同じように、何かやわらかいものにさわって、気持ちよさを感じたとしよう。そう感じたのは、触覚の信号が手から発信され、脳に届けられたからだ。もちろんほかのどんな動物でも、体の一つの部分からべつの部分にメッセージを送ることができる。こうしたコミュニケーションは、どんな動物にとっても非常に重要だ。危険を遠ざける、経験を積み重ねる、自分の体の状態を知る、周囲の状況を知る、そうしたことをコミュニケーションは可能にしてくれる。このシンプルなしくみを植物がもたない理由などあるだろうか？　もしかして、脳がないとだめなのだろうか？　しかし、脳のない生物が、自分の内部で情報を伝達する能力をもってはいけない理由なんてどこにもない。実際、植物がこうしたコミュニケーションを完璧に行なえることは、本章で確認することになる。とはいえ、技術的問題を考えれば、コミュニケーションをとっていないと思うのも無理はない。動物では、電気信号が、体の周辺部から中枢部に情報を物理的に伝達している。けれども植物には、もともとそうした電気信号を伝達するための生物的な構造がない。ようするに、植物には神経がないのだ。それでも、先ほど述べたように、メッセージを伝えることは、動物と同じく植物にとっても非常に重要で、急を要する。

根から届けられる情報も、葉から届けられる情報も、植物の体全体にとってなくてはならないもので、生きのびるためには急いで伝えられなければならない。

◆植物の維管束系

じつは植物も、体のある部分からべつの部分に情報を送るために、電気信号を使うことができる。それだけではない。水や化学物質も信号として使っている。植物は情報の伝達にこの三つの独立したシステムを使用しているのだ。ときには三つのシステムが互いに補いあうこともあり、それによって、短い距離でも長い距離でも情報伝達システムは機能する。実際、数ミリから数十メートルまで離れている体の各部にさえ信号を伝えることができるのだ。では、これらのシステムがどのように機能するかを見てみよう。

最初にとりあげるのは、電気信号を土台にしたシステムだ。これは、三つのなかでもっとも頻繁に使用され、動物や人間が用いているのと同じシステムである。とはいえ、「植物ならではの特徴」をいくつかそなえている。

すでに述べたように、植物には神経がない。つまり、動物がもっているような神経インパルス〔神経に刺激が与えられると、その部分が興奮し、発生する電位のこと〕を伝導するために使用される電気信号用の組織をもっていないのだ。これは重大な問題のように思えるかもしれない。専用の組織をもっていないのに、どうやって電気信号を送ればいいのか？　ところが、植物はうまい解決法を見つけた。短い距離の場合、電気信号は細胞壁に開いた微小な穴を通って、一つの細胞からべつの細胞へと伝えられる。この現象を「原形質連絡」という。長い距離なら（たとえば根から葉への伝達）、おもに「維管束系」〔植物の茎のなかを縦に走る柱状の組織の集まり〕が使用される。

「ええと、つまり、植物は心臓がないのに、循環器形（維管束系）をもっているということ?」。

察しのいい読者ならそう考えるだろう。そのとおり! 動物と同じように、植物も水力式の装置（維管束系）をもっており、おもに物質を体のある部分からべつの部分に運ぶことに使っている。人間の血管系とそっくりなのだ。ただちがうのは、体の中心部にポンプがあるかないかという点だけだ（つまり、植物には心臓がない。すでに述べたように、植物は、とりかえのきかない器官をもたないようにしているため）。植物は、低いところから高いところへ、高いところから低いところへ液体を運ぶ循環装置をもっている。これは動物の動脈と静脈に似たシステムで、低いところから高いところへ液体が流れるときは「木質部（導管部）」、高いところから低いところへ流れるときは「師管部」が使われる。

木質部は、おもに水と無機塩類を根から葉へと運ぶための通導組織だ。いっぽう、師管部は木質部とは反対に、光合成によって作られた糖類を葉から果実に、または葉から根に運ぶための通導組織となる。

水を循環させる目的は、はっきりしている。根が吸収した水分は、葉の蒸散作用によって大半が失われてしまうので、たえず補給しなければならない。いっぽう、光合成によって作られた糖類（植物のおもなエネルギー源）は、製造工場（葉〔葉緑体〕）から体内のべつの場所に、休みなく運びつづけなければならない。この入り組んだ維管束系を通して、電気メッセージはかなりのスピードで軽やかに循環していく。メッセージが化学物質によるシステムで運ばれていたなら、目的地に到着するまでにかなりの時間がかかるだろう。でも電気信号なら、わずかな時間で根から葉に伝わるので、たとえば地面の水分状態についての緊急メッセージなどを迅速に届けることができる。

地面の水分量が足りない、あるいは充分にあるといった情報をもとに、葉のほうは適切な行動をとるのだ。

◆気孔

ここで、葉の表皮（通常は葉の裏側）にある気孔の機能について少し見ておこう。気孔とは、植物の内部と外部とをつないでいる小さな開口部のことで、いってみれば私たちの皮膚の穴のようなものだ。各気孔は二つの「孔辺細胞」によって管理されている。この孔辺細胞が、植物の生えている場所の水分や光の状況に応じて気孔の開閉を行なう。

気孔の仕事は、見た目よりもずっとややこしい。光合成に必要な二酸化炭素（CO_2）をとりいれるために、植物は気孔をいつも（少なくとも、太陽が出ている時間帯は）開けたままにしておきたいが、気孔が開いていると、蒸散によって大量の水分が失われてしまうことにもなる。植物の体のさまざまな要求に対してうまくバランスを保つのは、なかなかむずかしい仕事だ。

どんな植物もジレンマを抱えている。大量の水分を失おうとも、気孔を開けたままにして生

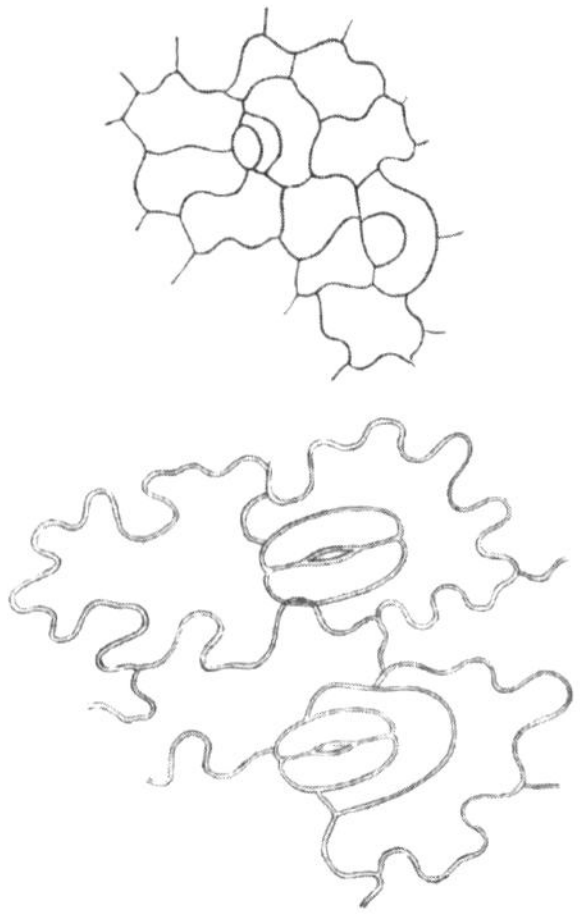

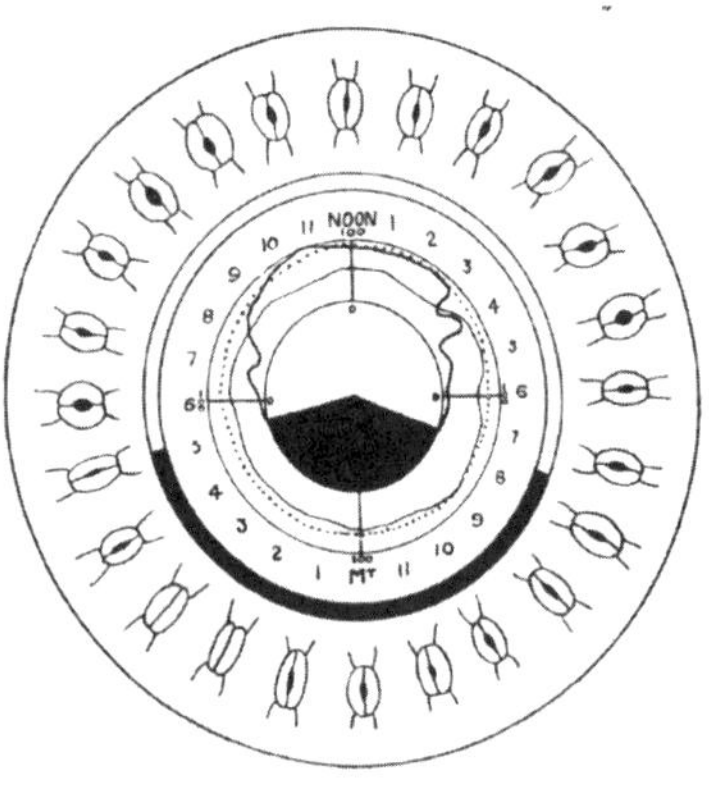

気孔の構造（左の図）。葉の表皮に存在する小さな開口部を通して、葉は光合成に必要な二酸化炭素を受けとったり、水蒸気を放出したりする。通常、気孔の開閉の周期（右の図）は、光があるかないか、光の強さはどのくらいかによって制御されている。

きるために必要な糖類を光合成によって作り出すべきか？　それとも、光合成を我慢して、必要な水分を保つために気孔を閉じるべきか？　むずかしい問題だ。むずかしすぎるので、植物がどうやって問題に対処しているのかを理解しようと、なんと「集団ダイナミクス」や「創発分散型計算システム」といった概念をもちだす研究者さえいる。でも、そんなものを植物に適用するのはいささか的外れだろう。

　どんな方法なのかはともかく、植物は正しい決定をくだすことができる。糖類を作ることと、水分を失わないようにすること、どちらも生きていくために欠かせない要素だが、植物は両方のバランスをうまくとることができる。例をあげてみよう。夏の太陽の強烈な日差しは、光合成にとって貴重だ。その点は、太陽光発電用のパネルを想像してもらえればすぐにわかるだろう。けれども、光が強ければ強いほど多くのエネルギーを生み出せる太陽光発電パネルとは異なり、植物は、体内の水分の蓄えを気にしなければならない。このため、昼下がりの時間帯――つまり、もっとも暑くなる時間帯――には、最高の光合成が行なえる可能性を捨てて、気孔を閉じる。そうやって、水が減りすぎないようにしているのだ。

さて、ここで、一本の樹木を思い浮かべてほしい（カシや背の高いセコイヤなど）。土壌に水が足りないことに根が突然気づいたとしよう。そのとき、根が葉に伝えようとするのはこんな命令だろう。「気孔をこのまま開放しつづけていたら、体内の水分がどんどんなくなって、たちどころに枯れてしまうぞ。すごく危険な状況だ！」。このメッセージは、生きるために欠かせないため、ただちに伝えられなければならない。

スピードを優先し、植物はまず電気信号を選択する。この信号は短時間で葉に届いて、葉は気孔を閉じる。また、この速くて必要不可欠な電気信号といっしょに、化学物質（植物ホルモン）の信号も送られる。この信号も移動通路として維管束系を使っているが、葉に到着するまでには、電気信号よりもずっと時間がかかる。背の高い木の場合、なんと数日かかることもある！　けれども、化学物質（植物ホルモン）の信号が届くことによって情報が補われ、葉はより完全な情報を手に入れることができるのだ。

◆水が漏れているぞ！

これとべつのタイプのメッセージを伝えるには、水のシステムが役に立つ。わかりやすく説明するために、植物の体を閉鎖系〔外部とエネルギーのやりとりはあるが、物質のやりとりがない系。閉じた系〕だと仮定しよう。枝や葉、花《か》柄《へい》〔花を支える柄（え）の部分〕に切りこみを入れたり、表皮をはがしたりしたときに、傷口から液体があふれ出すのを見たことはないだろうか？　一部の細胞組織が急に欠けてしまうと、植物の体内で水圧のバランスがわずかに崩れる。すると、シンプルだが重要なメッセージが発信される。「たいへんだ！　どこかで水が漏れているぞ！」。この情報によって、植物は警戒態勢をとり、すぐに水漏れの場所を特定して傷口をふさごうとする。

これまで見てきたように、信号を伝える三つのシステム（電気、化学物質、水）は、一つの植物内部で互いに補いあって機能している。これらのシステムが協力しあうことにより、短い距離であれ長い距離であれ、多様なタイプの情報が伝えられ、それによって植物の健康バランスが保たれ、命が支えられる。こうした点でも、植物は私たちとそれほど大きくちがっているわけではない。

しかし似ているとはいえ、その内部でコミュニケーションできる体の構造は、動物の体の構造とはまったく異なっている。動物（仮に脊椎動物として）の場合は脳が情報処理の中心で、どんな信号もまず脳に向かって送られる。それに対し、モジュール構造でできている植物には多数の「情報処理センター」があり、それぞれが異なるタイプの信号を制御することができる。たとえば人間は、足から手へ、または足から口へとメッセージを送ることはできない。どの信号も、ごくわずかな例外を除いて、まずは必ず脳によって処理されなければならない。けれども植物の場合は、根から葉に、葉から根に信号を送ることができるだけでなく、一本の根からべつの根に、一枚の葉からべつの葉に直接信号を送ることもできる。植物の知性は、まさに分散型システムなのだ。情報処理センターが複数あることで、いつも同じ経路を使うことなく、必要な場所に向かって、迅速かつ効果的に情報を送ることができる。

植物どうしのコミュニケーション

◆植物の言語

植物の感覚についてとりあげたときに少し触れたが、植物は植物固有のまさに言語を使って、仲間どうしでコミュニケーションをとることができる。その言葉は、空気中に放出される無数の化合物で構成され、その化合物にはさまざまなタイプの情報がふくまれている。

そうした物質の放出によるコミュニケーションは、植物ならではといえる。いっぽう、発声によってコミュニケーションをはかるのは、人間ならではのやり方である。といっても人間は、身ぶり、表情、姿勢などでもメッセージを伝えることができる。これを身体言語《ボディランゲージ》といい、人間のほかにも多くの種類の動物、とくに高等動物がもっているコミュニケーション手段だ。

では、植物はどうなのだろう？　植物に身体言語はあるのだろうか？　じつは植物も、触れあったり（一般的に根どうしのことが多いが、地上部分のこともある）、独特の姿勢をとったりして、近くの植物とコミュニケーションをとることができる。まえに述べた「日陰からの逃走（避陰反応）」の際にも、そうした身体言語が使われている。植物は、光を手に入れる戦いに勝利するために、互いに異なった姿勢をとるのだ。

植物の身体言語の例を、もう一つあげておこう。フランスの生物学者フランシス・アレが定義した、いわゆる「シャイな樹冠」〔樹冠とは、樹木の頂部〕である。これは、たとえそばに生えていても、ある種の樹木は、互いの樹冠が接触するのを避ける傾向があるという現象だ。といっても、すべての木にこの傾向が見られるわけではない。たいていの樹木はまったく「シャイ」ではなく、自分の樹冠をほかの木の樹冠に遠慮なく重ねあわせる。しかし、一部の樹木（代表的なものをあげれば、ブナ科、マツ科、フトモモ科など）には慎みがあるようで、ほかの木に樹冠を重なりあわせるような無作法なまねはしない。マツ林に入って見上げてみるといい。これまで気づかなかったかもしれないが、マツの木は、すぐそばにほかのマツの木が生えているのに、決して触れあわず、互いの葉のあいだにわずかな隙間を残している。そうやって、互いに（おそらく）

不愉快に思う接触を避けているのだ。この現象がなぜ、どのようにして起こるのか、まだはっきりとしたことはわかっていない。それでも、何かの信号が関係しているのは明らかだ。信号を通じて、木の枝葉がべつの木の枝葉とコミュニケーションをとりあい、互いに迷惑をかけないように、それぞれのテリトリー（この場合は、空気と光の分配のこと）を決めているのだ。

◆親族を見分けることができる

さまざまな状況で、植物は互いに影響を及ぼしあっている。そうしているうちに、動物と同じように、さまざまな個性が現れてくる。たとえば、負けず嫌いな植物とか、攻撃的な植物とか、はたまた協調的だったり内気だったり、そんな個性のちがいが植物にもあるのか、って？　もちろん！　体のつくりの点では、植物と動物はあまり似ていない。ところが、振る舞いに関しては、似ている点が非常に多い。これは驚くことではない。結局、すべての生物がめざすところは同じで、おそらく、その目標を達成するために使われる手段も似てくるのだろう。ただ、動物と植物の振る舞いに多くの類似点があるとしても、ある点についてはぜんぜん似ていないと思うかもしれない。それは、「家族」という概念だ。実際、植物に家族はいない。動物なら、同じ種の個体どうしが家族になると、絆のようなものが生まれるが、植物では似たようなものはまったく見あたらない。

植物の世界に、親戚とか一族とかいった概念にあてはまるものを見つけようとするのは、むずかしい。こうした概念は、たいてい人間とかほかの高等動物とか、かなりの進化を遂げた生物種に認められる概念だ。たしかに、私たちはふつう親族という概念を植物に用いようとはしない。けれど、実際には植物も自分の親族をきちんと認識でき、たいていの場合、まったくのよそものよりも親族とのあいだに親密な関係を築いている。

このテーマをくわしく見てみるまえに、一つ問いを立ててみよう。それは「親族を区別する能力はいったいなんの役に立つのか？」というものだ。この疑問はもっともである。なぜなら、自然界では、どんな能力も何かの理由なしに発達することはないからだ。この自然界のルールは、もちろん親族のつながりを認識する能力にもあてはまる。

非常に似通った遺伝子をもつ個体を識別できることは、あらゆる生物種にとって重要だ。そうした能力があれば、進化、生態学的機会、振る舞いにおいて有利になるからだ。たとえば、親族と戦ってむだに力を費やすことなく、テリトリーをうまく管理し、敵から身を守ることができる。また、遺伝子の近い個体どうしの繁殖を避けることもできる。何より、自分とよく似た遺伝子を所有する個体が成功すれば、そこから間接的に利益を得ることができる。

自然界において、生物が生きるおもな目的は、遺伝子を守ること、すなわち自分の遺伝子、自分の家族、つまり両親や兄弟姉妹の遺伝子を守ることだ。自分の血縁と争えば、膨大なエネルギーがむだになってしまう。争うより同盟を結び、協力した方がずっといい。敵を打ち負かし、世代を越えて自分たちの遺伝子を伝えていくには、その方が都合がいいのだ。この点からすれば、親族を認識できる能力には、すばらしい利点があるといえる。とはいえ、植物もそうなのだろうか？　植物も、相手と自分が遺伝子的に遠いか近いかによって、異なった振る舞いをするのだろうか？

動物の世界では、親族かどうかを区別するには、視覚、聴覚、嗅覚が役に立つ。いくつかのケースでは味覚が使われることもある。いっぽう、植物の世界では、根から放出される化学物質の信号を交換することで、親族かどうかの判定を行なう。同様の信号は、おそらく葉からも出ていると思われる（これについては、まだ決定的な研究結果は得られていない）。

すでに述べたように、植物は定住する生き物だ。このことは何度くり返してもいいだろう。これが、植物と動物の大きなちがいなのだから。植物は、生まれた場所から移動できない。テリトリーにこだわる生物として進化してきたため、当然ながらどんな動物よりもテリトリーを守る能力に優れている。植物は粘り強く戦う戦士なのだ！　戦士のようには見えないかもしれないが、少し考えてみれば、これがまったくぴったりの呼び方だとわかるだろう。動物の場合、棲んでいる場所がよくないと思えばいつでも移動し、ほかの場所で暮らすことができる。けれど植物にそんな選択肢はない。自分のテリトリーにほかの植物が定住していれば、環境資源をその植物と分けあわなければならなくなる。ときにはわずか数センチしか離れていない場所に、ほかの植物が生えていることもある。といっても、そうしたほかの植物の存在を安易に受け入れているわけではない。むしろ、終わりのない戦いに身を置いて、あらゆる侵入者から、自分の生活圏を防衛している。

植物は自分のテリトリーを守るため、エネルギーの多くを地中部分の成長に傾けている。こうして軍事力で圧倒し(つまり、大量の根を生やして)、土地を占有する。また、敵側も、隣接する植物に奪われた領土をとり戻そうとする。ところが、植物どうしはいつも戦うわけではない。もし隣にいるのが自分の一族なら、つまり親戚なら、戦う必要はまったくなく、根の成長は最小限に抑えられ、そのぶんのエネルギーは地上部分に回される。

二〇〇七年に、単純だが重要な実験が行なわれ、こうした親族に対する植物の行動に光が当てられた。それはこんな実験だ。まず二つの容器を用意する。いっぽうの容器で、一つの植物の個体の種子三十個を栽培する(いわば、同じ一人の母親の三十人の子どもたちということだ)。もういっぽうの容器には(容器自体はまったく同じもの)、互いに異なる個体の種子三十個を栽培する(いわば、三十人の母親から、それぞれ一人ずつ子どもを連れてきたということだ)。そして、二つの容器の種子が生育する様子を比べてみる。その結果、これらのサンプルが示す行動を観察することで、動物にしか見られないと考えられていたいくつかの進化による特徴が、植物にも見られることがわかった。予想どおり、それぞれ母親のちがう三十人の子どもたちは、テリトリーを独占しようと無数の根を伸ばし、ほかの植物に害を与え、栄養分と水を確実に自分だけのものにしようとした。いっぽう、同じ母親の三十人の子どもたちは、狭い場所に共生しているのに、母親のちがう三十人の子どもたちよりもはるかに根の数を抑え、地上部分の成長に力を注いでいた。つまり、植物は遺伝子の近さに気づき、競争を避ける行動をとったのだ。これは重大な発見であり、植物の行動はステレオタイプで、反復的なメカニズム（「そばにほかの植物がいる」＝「テリトリーを守って戦う必要がある」）にしたがっている、とする伝統的な定説をくつがえすものだ。そしてこの発見は、遺伝子の近さといった要素もふくめた、もっと複雑な評価基準で植物を考えるべきだということを教えてくれる。植物は攻撃や防御を行なうまえにライバルの素性を調べ、遺伝子が似ているとわかったら、戦うよりも手を組む方を選ぶことがわかったのだ。

◆「根圏」というコミュニティー

進化の点から見ると、自然界では「利己的」と呼ばれる行動と「利他的」と呼ばれる行動のどちらが有利なのだろうか？　まだこの問題に決着はついていない。この問題については、数えきれないほどのシミュレーションやモデル化が行なわれてきた。ただ、それらを植物にも適用できると考えた人はいなかった。植物が利他的な振る舞いを採用しているということが発見されたら、たいへんなニュースになるだろう。なぜなら、二つの可能性を予感させるからだ。一つは、植物は私たちが考えるよりもずっと進化している生物で、そのため利他主義者であるという可能性。もう一つは、純粋な弱肉強食の世界では、より強いものが勝利すると考えられてきたけれど、じつは利他主義と協調こそが、厳しい世界を生き残るために太古から行なわれてきた基本的な生き方であるという可能性。この二つはどちらも革命的な考え方だ。どちらが正しいとしても、根による植物どうしのコミュニケーションには、進化の面から重要で明確な目的がある。つまり、親族とよそ者を区別するということだ。これは、敵と味方を区別することだともいえる。

根についてもう少し説明を続けよう（根の特別な能力については、次章でもっとくわしく見るつもりだ）。植物は、ほかの植物とだけではなく、いわゆる「根圏」の生物すべてともコミュニケーションをとることができるらしい。「根圏」とは、根が触れている土壌の範囲のことで、そこに生息する数多くの生物も根圏にふくまれる。土壌は、一般的に想像されるような生命のかけらもないただの土くれではない。そこは無数の生物が所狭しと棲みついている濃密な世界なのだ。その世界では、微生物、細菌、菌類（キノコやカビなど）、昆虫が植物とコミュニケーションをとり、互いに協力しながら、独特の生態学的ニッチ〔ある生物が適応する特有の機能的・空間的位置〕を作り上げ、うまく共生している。

こうした共生のなかでも代表的なものが、「菌根」だ。これは地中での共生の独特な形式で、森に生える食用キノコと、多くの植物種の根とのあいだでよく見られる。いくつかのケースでは、菌類は、機械の連結部品のようなものを植物の根に形成する。その際に、根の細胞内部まで深く侵入することもある。このタイプの共生関係は、「相利共生」と定義される。両方の生物にとって有益だからだ。菌類は、リン（地中には必要な量のリンがなかなか見つからない）をふくむミネラルを植物の根に供給し、そのお返しとして、植物が光合成で作った糖類の一部を受けとり、エネルギーとして利用する。

こうした関係は、とても有益なものに見えるが、危険と隣りあわせでもある。すべての菌類が、互いに協力して平和な生活をともに送ろうという目的で動いているわけではないからだ。菌類のなかには、植物の病気の原因になるものもいる。根を攻撃して栄養を奪取するだけでなく、根の細胞を破壊するのだ。だから植物は、根に入りこんでこようとするのがどういうタイプの菌類なのかを見分けなければならない。また、それに応じた振る舞いをしなければならない。では、どうすれば味方の菌類と敵の菌類を区別できるのだろうか？　それは、化学物質を使った根と菌類の対話によって可能になる。根と菌類が信号を交換し、互いに相手の目的をはっきりさせるのだ。菌類に攻撃的な目的があるとわかれば、植物は敵対行動を開始する。けれども、きちんとした自己紹介（化学物質を使った信号の交換）が行なわれ、よい目的をもった菌根菌〔菌根を作る菌類のこと〕だとわかれば、両者にとって有益な共生関係がはじまる。

◆友としての細菌

もう一つ、植物とのコミュニケーションに基づいた巧みな共生の例をあげてみよう。それは、マメ科植物と窒素固定細菌が行なっている共生だ。窒素固定細菌は、ほかの生物にとって驚くほど役に立つ微生物である。その名のとおり、空気中の窒素ガスを固定する、すなわち窒素ガスの分子（N_2）を構成する二つの原子の固いつながりを断ちきって、窒素をアンモニアに変えることができるのだ。そんな能力をもっている微生物は、わずかしかいない。

窒素は、土壌を肥沃にしてくれる基本的な元素だ（このため、多くの肥料が窒素化合物から作られている）。私たちが呼吸している空気の成分の八〇％が窒素であるにもかかわらず、窒素ガスは不活性で（つまり、安定している）、植物も、ほかのどんな生物も、そのままではこれを利用できない。その例外がわずかな種類の微生物、窒素固定細菌だ。この細菌は、窒素ガスをアンモニアのような窒素化合物に変換する能力をもっている。窒素化合物に変われば、植物は簡単に吸収することができる。まさに自然界の肥料製造屋だ。いっぽう、細菌の方からすれば、植物の根のなかに、理想的な生活環境とたっぷりの糖類を見つけることになる。こうして、マメ科植物と窒素固定細菌は、相互に満足を与えあう関係を作り上げる。この共生関係も、コミュニケーションと共生相手の認識が土台になっている。実際、すべての細菌が植物に歓迎されるわけではない。むしろ、大半の細菌が、植物に恐ろしい病気を引き起こす原因になる。そうした細菌に対しては、植物は頑丈な防護壁を築く。窒素固定細菌が植物に歓迎してもらうには、まずは根と込みいった長い会話を行なわなくてはならない。もちろん化学物質を使った会話だ。この「会話」は、細菌がＮＯＤファクター（根粒着生ファクター［Nodulation factors］の略称）と呼ばれる、いわばパスワード信号のようなものを送信することからはじまる。この信号を認識することが、細菌が根のなかに入ってくるのを植物が許可する最初の一歩となる。

このような共生の事例はどれも、共生体（共生するパートナーどうしはこう呼ばれる。この場合、細菌とマメ科植物をさす）どうしの密接なコミュニケーションの上に成り立っている。生物どうしの協力は、自然界では太古の昔からずっと行なわれていることだ。そうでなければ、共生など起こりえないだろう。共生は、植物や下等生物だけが行なっているのではない。それどころか、私たち人間の命を支えつづけてくれている重要な共生もある。

たとえば、ミトコンドリアがそうだ。ミトコンドリアは、私たちの細胞（正確には、すべての動植物の細胞）に必要なエネルギーを作る「発電所」のようなものだ。重要な細胞小器官で、どんな真核細胞のなかにも存在している。ミトコンドリアなしの高等生物の生活など、まったく考えられない。じつは最近の研究から、ミトコンドリアも共生によって生まれたと考えられている。この場合は細胞と、強力な酸化的代謝能力をそなえた（つまり、酸素を使用してエネルギーを作り出すことができる）原始的な細菌との共生だ。はるかな昔、細菌と細胞は、相互に利益をもたらす共生をはじめることになったが（細菌は細胞のためにエネルギーを作り、そのかわり生存に必要なものすべてを手に入れる）、あるとき細菌は細胞にとりこまれ、細胞と同化してしまったと考えられている。このミトコンドリアの共生起源説の証拠はたくさんある。何よりミトコンドリアは、細菌に典型的に見られる特徴をたくさんそなえている。まずは、皮膜が細菌のものにたいへんよく似ている。それから、細菌と同じように、ミトコンドリア自身が環状に閉じた二重螺旋《らせん》のＤＮＡをもっている。最後に、これがもっとも決定的な証拠なのだが、ミトコンドリアをふくんでいる細胞とは無関係に、ミトコンドリアは分裂し、増殖していく。いくつかの研究によって、大昔から共生していたこの細菌は、進化の過程で複雑な生命形態を獲得したという重要な説が示されている。

このように、地球上のどんな生物にとっても、もちろん私たち人間にとっても、共生は非常に重要なものだ。もし、そのいくつかでも人間が人工的にうまく利用することができれば、すばらしい成果を生むだろう。たとえば、植物と窒素固定細菌の共生関係を考えてみよう。この共生関係は、マメ科植物（たとえば、ダイズ、ヒヨコマメ、ヒラマメ、エンドウ、サヤインゲンなど）にしか見られないものだが、これがどんな作物にも利用できるなら、農業のあり方は決定的に変わってしまう。

想像してみてほしい。もう窒素肥料は必要なくなる。化学合成の窒素肥料による土壌、地下水、川、海の汚染もなくなる。アドリア海で藻が異常発生することもない。そのかわりに、人間は作物の生産力の増加と、環境を汚さずに世界を飢餓から救う可能性を手にできる。これは人類の夢であり、多額の投資を行なってでも研究を進めるだけの価値はあるし、破滅的な事態に陥るまえに早急に実現すべき夢でもある。

第二次世界大戦後、農作物と土壌の生産性はずっと向上を続けてきた。それは、とくに一九六〇年代の「緑の革命」〔品種改良や化学肥料の大量使用によって農作物の大量増産が達成されたこと〕の成果だ。この根本的な農業改革によって、化学肥料の使用が推進され、より生産力と抵抗力のある新しい品種の農作物が次々に作り出された。こうして、新しい農地がどんどん開墾され、既存の農地の生産性は増し、数年のうちに目をみはるほどの生産量の増加を達成したのだ。ところが、「緑の革命」から六十年が過ぎた今、はじめて農作物の生産量増大の流れに歯止めがかかった。農地は拡大が止まったどころか、気候変動が原因で減少しはじめている。それなのに、世界の総人口はますます増加の一途をたどっている。

このような状況で、どうやって飢餓をなくすことができるのだろうか？　その方法を見つけること、つまり第二の「緑の革命」を起こすこと——環境に優しい方法で、ふたたび植物の生産力を増すことのできるシステムを作り上げること——は、今後数十年の最優先課題となる。窒素固定細菌との共生をあらゆる植物に広げられれば、根本的な問題解決の道が見えてくるはずだ。植物のコミュニケーション力は、きっと世界を飢餓から救ってくれるにちがいない。

植物と動物のコミュニケーション

◆郵便と通信

ビジネスの世界と同じように、植物のあいだでも「内部コミュニケーション」はうまく行なわれている。では、外部とのコミュニケーションについては、植物はどのように行なっているのだろうか？

植物は生まれた場所から移動することができない。そのため、メッセージや、花粉や種子のような小さな物体を外部に向けて送ったり受けとったりするには、だれかの助けが必要だ。そのために植物は、なんと郵便制度を編み出したのだ！　植物は、空気や水に郵便配達を頼むこともある。とはいえ、もっと頻繁に行なわれているのは、動物（昆虫もふくむ）を郵便配達人として雇うことだ。とくに、防衛や繁殖のための大事な荷物を送るときには、動物に頼ることが多い。

重要なメッセージを届けたいときに、いったいだれが、ビンに手紙を入れて海に流したり、紙飛行機に任せたりするだろう？　それよりも動物を利用したほうがいいに決まっている。動物なら預かったメッセージをきちんと宛先に送り届けてくれる（たとえば伝書鳩だ。人間は何世紀ものあいだ、メッセージを伝えるために鳩を使ってきた）。それにしても、植物はどうやって昆虫や動物を説得して、ポニー・エクスプレス〔十九世紀アメリカで行なわれていた、馬を使った郵便速達サービス〕さながらに郵便物を運んでもらっているのだろうか？

植物の交配のしかたや、植物がどんな手段を使って動物に交配を手伝わせているかについては、のちほど「誠実な植物と不実な植物」の項でくわしく見ることにしよう。ここでは、植物が動物の助けを借りるべつの状況をとりあげる。まずはもっとも頻繁に行なわれているものからはじめよう。それは防衛である。

◆至急、援軍求む！

虫が植物にとりつき、葉を食べはじめたと想像してみよう。植物は虫の攻撃に気づき、すぐに防衛戦略を展開する。まずすべきことは、どんな昆虫から攻撃を受けているのかを識別することだ。そうしないと――つまり、だれの攻撃なのかわからないと――適切な防御ができないからだ。

ふだん、植物が防衛に使っているのは化学兵器だ。植物は特別な物質を作り出して、葉を虫の食欲をそそらない味に変えたり、草食動物に効く毒に変えたりできる。貴重なエネルギーをむだづかいしないように、この「抑止効果」のある物質は、攻撃を受けている葉やそのすぐ近くの葉の内部だけで作られる。この最初の防衛作戦だけで昆虫が攻撃を中止してくれれば、願ったりかなったりだ。体のごく一部に問題が発生しているだけなのに、蓄えたエネルギーを総動員するようなむだづかいはできない。

植物はどんな選択をするときも、問題を解決するために最低限必要なエネルギー量はどのくらいなのか計算している。この計算から導き出された戦略は、たいていの場合うまくいく。たとえば、ここであげた例では、虫は葉を一、二枚味見してみるが、変化した新しい味が口に合わず、その植物を食べるのをやめて近くのべつな植物へと移動する。まさに大勝利だ！

植物は、小さな被害なら新しい葉を生やすことですぐに修復できる。葉を食べられた影響も少ない。ごぞんじのように、植物の組織は一部が失われたとしても、機能不全に陥ったり生存不能になったりしないようにできている。今見た例では、虫の攻撃に対する植物の抵抗は控えめなもので、寛容な措置といってもいいくらいだ。

そうはいっても、虫がひどい味を我慢してでも葉をしつこく食べつづけたり、ほかの大食らいの虫がやってきたりしたなら、もっと効果的な戦略を用いるしかない。「抑止効果」のある化学物質の製造をすべての葉で開始したうえに、近くのほかの植物に警戒警報——空気中に放たれる揮発性化合物の信号——を出すのだ。場合によっては、援軍を要請することもある。

◆敵の敵は味方

四億年まえから毎日ずっと、地球は草食の生物と植物との生存競争を見守りつづけてきた。草食の生物のなかでもっとも注目すべきなのは、ほかでもない、昆虫である。昆虫は植物のなかに、さまざまな棲みかや生態学的ニッチを見つけた。もちろん、大量の食料もだ。植物と草食生物との終わりなき戦いは、両者の活動の選択に驚くほど大きな影響を与え、進化を導いてきた。生息場所や活動時間についても、この戦いのなかで、次第に定まっていったのだ。

虫の攻撃に立ち向かい、被害に対処するため、植物は段階的に防衛作戦を展開する。当然、昆虫の方もただ手をこまねいているわけもなく、より効果的な新しい攻撃を次々とくり出していく。こうして、いわば終わりのない軍拡競争が展開される。植物と草食の生物は互いに対抗しながら進化を続けていき、互いのことをよく知るライバルどうしになったのだ。

さて、「総合的病害虫管理」（IPM：Integrated Pest Management）という言葉をごぞんじだろうか？簡単にいえば、作物の栽培において、殺虫剤の使用を控えるかわりに、作物を食べる害虫の天敵を畑に導入することである。つまり、大量の病害虫駆除剤を散布するのではなく、作物を食い荒らす昆虫の天敵の力を借りて、害虫を食べてもらったり、少なくとも作物から害虫を追い払ってもらったりするのだ。これは、つねに害虫と天敵の個体数のバランスをとる必要があるため、管理するのがなかなかむずかしいとはいえ、じつに賢いやり方といえる。この害虫駆除法の基本コンセプトは、一言でいえば「敵の敵は味方」ということだ。

じつは、たくさんの植物が身を守るためにこれと同じ戦略を使っている。植物は揮発性化合物を放出し、敵の敵を援軍として呼び寄せる。そして助けてもらったお返しに報酬を与える。これは、わずかなエネルギーの出費で最高の結果が得られる優れた作戦だ。

例をあげてみよう。ライマメは、大食いのダニ（ナミハダニ）から攻撃を受けると、揮発性化合物を放つ。それに引かれてべつの種類のダニがやってくるのだが、それは肉食のダニ（チリカブリダニ）だ。このダニは、草食のナミハダニを餌としていて、ライマメについたナミハダニをあっというまに食べつくしてしまう。ライマメは、だれから攻撃を受けているのかを識別し、その攻撃から逃れるために、敵の天敵を呼び寄せることができるのだ。植物の優れた能力と、それをもとにした植物と動物の見事な協力関係には、まったく舌を巻くばかりだ。

いったいどれだけの動物が、これほど進化した戦略を実行できるだろう？　いっぽうで、数多くの植物はこうした能力をもっている。トウモロコシ、トマト、タバコなど、あげればきりがない。

◆トウモロコシの例

葉が草食の昆虫から攻撃を受けた場合、植物がどのような振る舞いに出るのかをご紹介したが、葉ではなく根が攻撃された場合はどうなるだろうか？

たとえば、ここでとりあげるトウモロコシについては、考えさせられることも多い。アメリカのトウモロコシ畑では、何年ものあいだハムシの一種（ウエスタン・コーン・ルートワーム）に悩まされ、大きな害をこうむってきた。この昆虫の幼虫はトウモロコシの根につき、まだ抵抗力のない若い苗を枯らしてしまう。たしかにトウモロコシはそれほど防御に長けているわけではない。といっても、それはトウモロコシ自身のせいではなかった。

ヨーロッパでもっとも古いトウモロコシの品種や野生のトウモロコシは、ハムシの攻撃から完璧に身を守ることができていた。じつは、どちらのトウモロコシも、現在栽培されているものとは大きく異なっていた。私たちが食べているトウモロコシは、長い年月をかけて品種改良され、生み出されたものだ。私たちは、収穫量の向上をめざして、大きな実を大量につけるトウモロコシを作り出そうと改良を続けたあげく、知らず知らずのうちに、自分で身を守れない品種を選んでしまった。つまり、トウモロコシが防御能力を失ったのは、人間のせいなのだ。古いトウモロコシの品種は、ハムシの幼虫に根を攻撃されると、助けを呼ぶために「カリオフィレン」という物質を作った。この物質には、ある小さな虫（線虫の一種）を引き寄せるという独特の効果がある。この線虫はハムシの幼虫が大好物だ。こうして、線虫はハムシの幼虫をすべて貪《むさぼ》り食い、トウモロコシを寄生虫から助けた。

身を守る能力に欠けたトウモロコシの品種を選んでしまったのは、想定外だったとはいえ、人間が犯したミスだ。その代償はとても高くついた。ハムシによる損失額は世界全体で年間十億ドルにも及び、この数十年におけるトウモロコシの最悪の問題になったのだ。この害虫を駆除するために多額の資金が投入され、大量の殺虫剤がまき散らされた。さらには、トウモロコシが本来もっていた防衛機能を蘇《よみがえ》らせるためには、遺伝子工学の力を借りる必要があった。そしてカリオフィレンの生産を管理する遺伝子が、ふたたびトウモロコシに組みこまれ、新しい品種が作り出された。じつはこの遺伝子は、ほかの植物であるオレガノからとりだされたものだ。トウモロコシが本来もっていた特徴をふたたびとりもどすために、人間は遺伝子組み換え作物を作り出さなければならなかったのである。

◆植物のセックス

受粉の時期も、植物は頻繁に外部とコミュニケーションをとらなければならない。とりわけ動物とはその必要がある。受粉時期はいわば植物の繁殖期で、植物の一生において非常に重要な時期だ。実際、うまく繁殖できるかどうかは、受粉が成功するか否かにかかっている。もちろん植物によって受粉のしかたは異なるが、いくつかの基本的要素についていえば、ゼラニウムからカシの木にいたるまで、大半の種類の植物において同じである。受粉を行なうには、自分の花粉（動物でいえば精子にあたる）をべつの花に移動させなくてはならない。これは多くの植物に共通する。植物と動物のあいだの不思議なコミュニケーションの説明に入るまえに、植物がどのようにして子孫を増やすのかを見ておこう。まず、植物の受粉のしかたは大きく二つに分けられる。自家受粉と他家受粉である。

自家受粉は、いわば「自給自足」であり、同じ花の雄しべ（雄の生殖器官にあたる）から雌しべ（雌の生殖器官にあたる）へと花粉を移動させるという簡単なやり方だ。いっぽう、他家受粉を行なう植物は、一つの花の葯《やく》（花粉の粒子をふくむ雄しべの先端部分）から、同じ種類の植物のべつの個体がつけている花の柱頭（花粉を受ける雌しべの先端部分）へと花粉を移動させる必要がある。この方法は「交雑受粉」とも呼ばれている。

また、生殖器官の場所によって植物を分類することができる。それによると植物は、両性花、雌雄異株《いしゅ》、雌雄同株の三つに大きく分けられる。

一つめの両性花は、一つの花に雄の生殖器官も雌の生殖器官もそなえている。もっとも多くの植物が採用しているしくみだ。両性花の植物は、理論的にはすべての花が単独で受粉できる。

一つの花に、雌雄両方の生殖器官がそなわっているためだ。さきほどの受粉の分類によれば、これは自家受粉にあたる。自家受粉は非常に便利で、数種の植物が行なっている。とくに有名なのが、イネ科の植物（たとえば、小麦や米）だ。さらに、いくつかのラン、スミレ、肉食植物は、閉花受精を行なうこともある。つまり、花が開くまえに受粉するのだ！

原理的にはすべての両性花は自家受粉できるが、実際は頻繁に行なわれているわけではない。物理的な障害物や化学物質を用いて、うまく回避しているのだ。自家受粉は便利なのに、なぜなのだろう？

答えは簡単だ。自家受粉は、動物でいえば兄弟姉妹や非常に近い血縁との交配にあたる。このタイプの繁殖は避けた方がいい。遺伝子が新しい結合を行なう機会を減らしてしまうからだ。このため植物は、一つの個体で雄の生殖器官と雌の生殖器官の成熟する時期をずらすなど、自家受粉を避ける独特のしくみを進化によって発達させてきた。

生殖器官の位置による分類の二つめは、雌雄異株である。雌雄異株の植物では、性の異なる

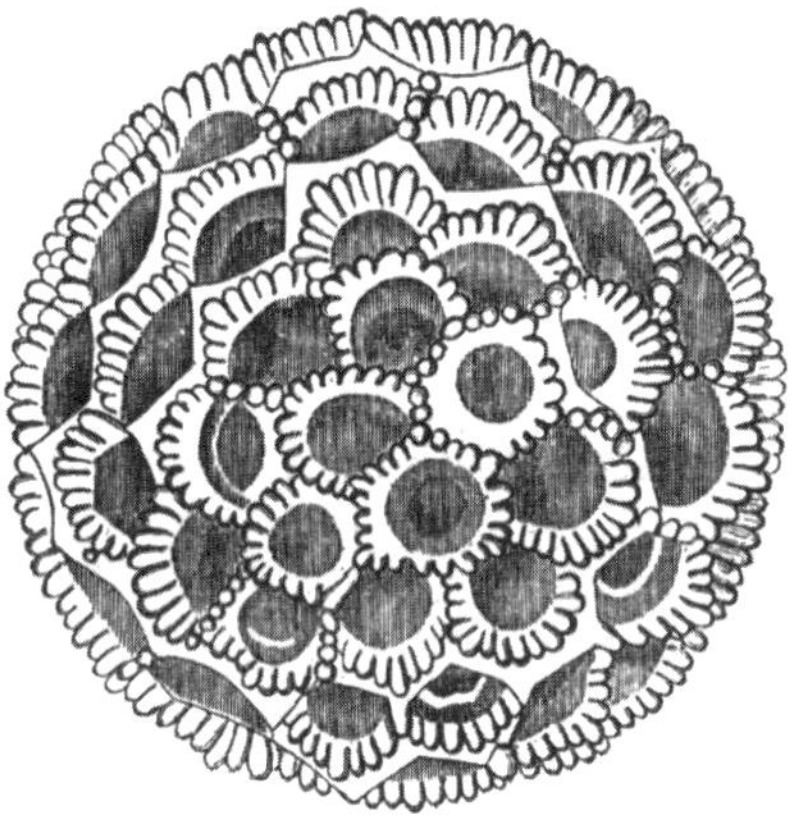

花粉の粒子。植物の繁殖において、この粒子は雄性配偶子（精子）にあたる。

二種類の個体が、それぞれ単性の花を咲かせる。つまり、「雄」の個体（木や草）と「雌」の個体とが存在する。代表的な例がイチョウだ。イチョウは太古の昔から存在する木で、一種の生きた化石だ。ほかにもゲッケイジュ、ナギイカダ、セイヨウイチイ、イラクサ、セイヨウヒイラギ、アサなどが、雌雄異株である。

三つめは、雌雄同株で、これはカシやクリのように、一つの個体に、雄の花と雌の花の二種類の花をつける〔雌雄同株の同一個体についた雄性花と雌性花の受粉も、自家受粉という〕。

このように三種類の植物にはそれぞれちがいがあるが、花が咲いているあいだにしなければならないことは、どれも同じ。つまり、花粉をべつの花の雌しべまで運んでくれるように、信頼できる配達人に頼むことだ。三種類とも、それぞれの方法で配達を依頼している。自然現象の配達人（風）に任せるものもいれば、動物を雇うものもいる。「風媒《ふうばい》」（風に花粉を運んでもらうこと）の植物は、動物をわざわざ呼び寄せる必要がなく、動物にかかわる面倒もまったくないという利点があるが、その反面、どこに花粉が飛んでいくかわからない。まさしく行き先は風まかせという難点があり、ひとたび花粉が飛び立ってしまえば、たどり着くのはべつの植物か、車の上か、地面の上か、はたまたほかの場所か、まったく予想がつかない。そのため植物は、配達を成功させる確率を少しでも上げるために、たくさんの花を咲かせ、信じられないほど大量の花粉を飛ばす（これが、春のひどい花粉症の原因だ）。エネルギーの観点からすれば、効率の悪いやり方だとすぐにわかるだろう。風媒は、おもに裸子植物（種子が子房で保護されていない植物）

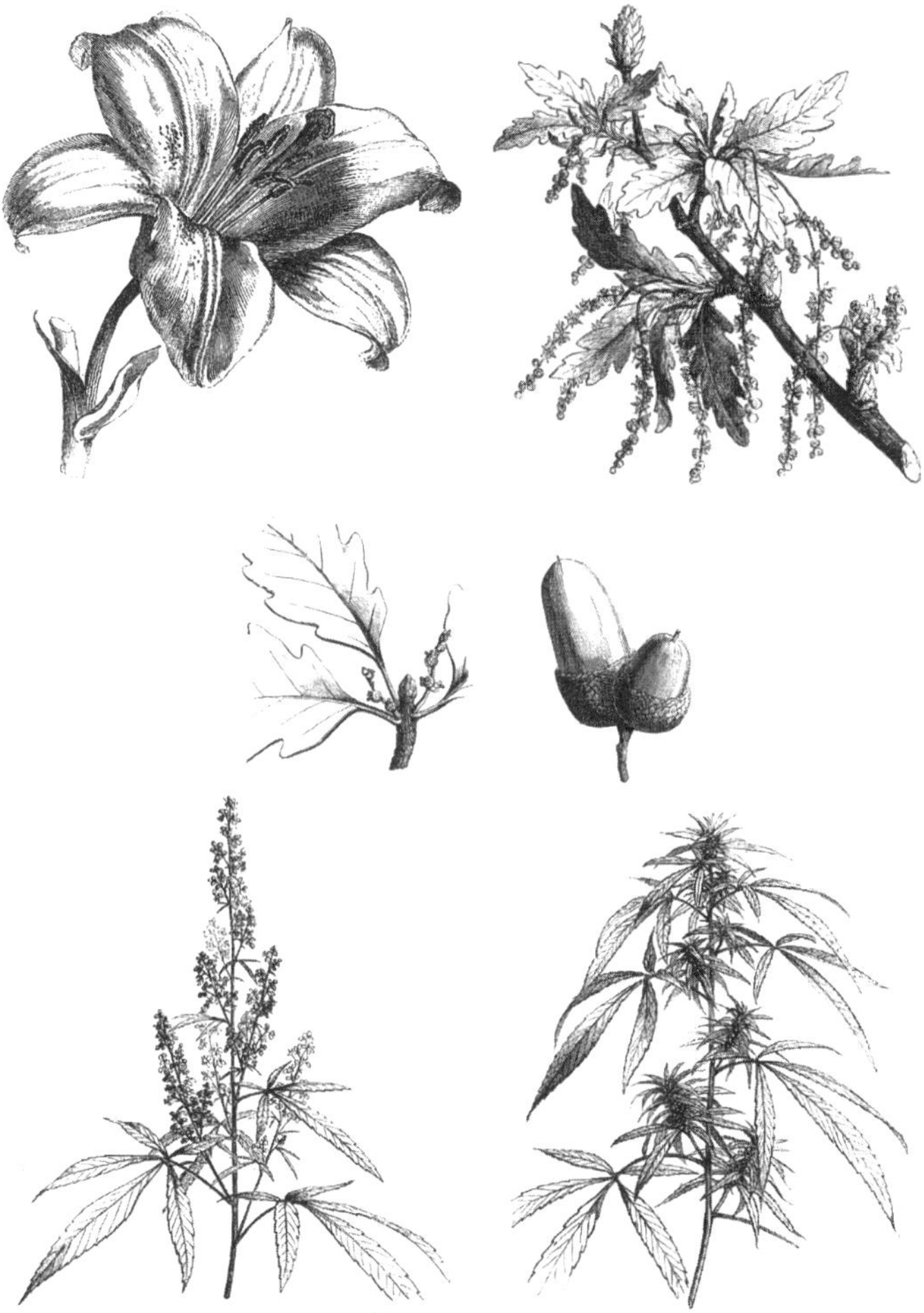

植物の生殖器官の位置。ユリのような両性花（左上の図）では、雄性生殖器と雌性生殖器は同じ花のなかにある。カシのような雌雄同株の植物種（右上と中段の2つの図）では、同一の個体のべつべつの場所にある。アサのような雌雄異株の植物種（下の図）では、雄花と雌花がそれぞれ異なる個体にある。

サボテンは、乾燥した暑い気候に適応している。生きのびるために、サボテンの花は夜しか咲かない。受粉の際に、多くのサボテンが花粉の配達人としてコウモリを利用しているのはそのためだ。

のような古い植物種に見られるが、進化上、新しい植物種である被子植物にも見られる。たとえば、オリーブがそうだ。といっても被子植物の大部分は、花粉の配達を風よりもずっと確実な動物の配達人に任せている。

花粉の配達人として、もっとも広く利用される動物は昆虫だ。虫が受粉の手伝いをすることを「虫媒《ちゅうばい》」という。といっても、植物が花粉の配達を頼むのは、虫だけではない。実際、さまざまな種類の動物が花粉を運ぶ「動物媒」による受粉も存在する。たとえばハチドリやオウムなどが利用される「鳥媒《ちょうばい》」、それから、なんとコウモリによる「コウモリ媒」というものまである。有名なジョシュア・ツリー国立公園などのアメリカの砂漠地帯に生えている多くのサボテンが、コウモリを花粉の配達に利用している。

最近では、キューバ原産のつる性植物の一つ、マルクグラウィア・エウェニアの例が報告されている。この植物は、衛星放送用のパラボラアンテナそっくりの形をした丸い葉をつけている。その目的はただ一つ、コウモリの発する超音波を反射して、花の存在をコウモリに知らせることだ。奇妙に思えるかもしれないが、目のよくない動物を花粉の媒介者に選ぶなら、できるだけ自分に気づいてもらえるように手助けするのはまったく当然のことだろう。

動物媒についていては、ほかにも爬虫類（たとえば、タコノキ属の植物はヤモリを利用する）や有袋類《ゆうたい》を利用する植物がいるし、さらには、人間やサルなど霊長目を利用するものまでいる。植物はありとあらゆる種類の動物を、花粉の配達人リストに登録しているのだ！

◆巨大な受粉の市場

受粉を巨大な市場と考えてみよう。奇妙に聞こえるかもしれないが、なかなかうまいたとえではないだろうか。受粉においては、買い手（昆虫）、商品（花粉と蜜）、売り手（植物）がそろっており、おまけに広告（花の色や香り）まであるのだから！

植物の世界も動物の世界と同じで、だれもが無償で何かを行なうわけではない。受粉という巨大「市場」においても、本当の商業活動が行なわれている。つまり、商品とサービスの交換だ。商品を買う者、またはサービスが必要な者は、きちんと対価を支払っている。昆虫は労働力を提供する。いっぽう、植物は独特な報酬を支払う。蜜や糖類といった、動物が大好物の栄養たっぷりの物質だ。植物がこの目的のためだけに蜜を作っているのはまちがいない。つまり、花の蜜は、花粉を運んでもらう報酬として使われているのだ。

一般的にいえば次のようになる。どんな動物でも（トカゲでも、コウモリでも、サルでも）、蜜を食べたり集めたりするために花にやってきて、蜜をとるときに花粉を体につけ、それをべつの花に運ぶ。もちろん、花粉の配達先はどんな花でもいいわけではなく、同じ種類の花でなければならない。カバとハムスターが交配できないように、リンゴの木とスミレが交配することもない。べつの種類の花に運ばれてしまった花粉はむだになってしまう。では、同じ種類のべつの個体の花に花粉を配達してくれるように、植物はどうやって昆虫や動物に頼んでいるのだろうか？　なぜ昆虫や動物は、植物に忠誠を尽くし、きちんと配達を行なうのだろうか？　まったくの謎だ。実際のところ、昆虫にとっては、植物の種類など気にせずに、どれでもいいからいちばん近くにある花の蜜を手に入れる方がずっと楽なはずだ。それなのに、昆虫たちはそんなことはせず、朝いちばんに訪れた花と同じ種類の花から、一日中蜜を集める。あらゆる受粉や植物の繁殖の基本となるこの奇妙な行動を、昆虫学者たちは「訪花の一定性」と呼んでいる。この現象を、研究者たちはまったく過小評価していて、納得できる仮説を何も提示していない。植物学者や昆虫学者は、ミツバチが朝から晩まで同じ種類の花の蜜を集めつづけることをよく知っている。なのに、このミツバチの不思議な行動について、きちんとした説明を試みようとしていない。まったく信じられない。出された仮説はわずかしかなく、しかも理論として不充分なものばかりで、そのほとんどが、この昆虫の忠誠は、昆虫にとってなんらかの利益になるからだと証明しようとしているだけだ。でも、そうではない。昆虫側の都合による行動でないのは明らかだ。

植物にしてみれば、こうした昆虫の忠誠は絶対に必要だ。昆虫が花粉をきちんと配達してくれなくなれば、植物は蜜を作ろうとしなくなるだろう。

この単純な考察だけでも、昆虫に「訪花の一定性」を求めて、それを守らせているのは植物の方だとわかるだろう。ただ、どうやってそれを行なっているのか、まだ何もわかっていない。

◆誠実な植物と不実な植物

昆虫の忠誠心の謎はさておき、受粉をビジネスにたとえれば、一見するとシンプルで明快な取引のように見える。花粉を運ぶものには、報酬として蜜が支払われる。じつにわかりやすい。けれども、ビジネスにはつねに影の部分がつきものだ。どんな市場にも誠実な商人と不実な商人がいる。買い手が得になるように助言を行なう商人もいれば、だます商人もいる。植物の世界もたいして変わらない。完璧に誠実な植物もいれば、自分の目的を果たすために、変装したり、だましたり、さらには、手を貸してくれる昆虫を監禁してしまう植物までいる。必要なものを手に入れるためには、遠慮などいっさい無用なのだ！

はじめに、ルピナス（ハウチワマメ、ノボリフジともいう）の例をあげてみよう。このマメ科植物は、とても小さな花を無数につけるが、一つ悩みをもっている。ミツバチが何度も同じ花を訪れるのをやめさせたいと思っているのだ。つまり、こういうことだ。働き者のミツバチが一つの花にやってきて、蜜を集め、花粉を体につけ、べつの花に花粉を運ぶ。でも、そのミツバチが（あるいはべつのミツバチが）もう一度最初の花を訪れるのは、まったくのむだだ。もうその花には花粉も蜜もなくなっているからだ。こうした効率の悪い事態を未然に防ぐために（さらには、ミツバチが一度も来ないままの花を残さないようにするために）、ルピナスは非常に効果的で、しかも誠実な戦略をとっている。すでにミツバチが訪れた花（つまり、もう花粉と蜜のない花）の花弁の色を青色に変えるのだ〔元の花の色は白、赤、ピンク、黄、紫など、さまざまである〕。こうすることでミツバチは、もうその花には蜜がなく、べつの花に向かった方がいいと気づく。花粉を媒介する昆虫に対して非常に誠実なこの戦略は、植物自身にとっても大いに役立ち、受粉がより確実なものになる。

しかし、植物はすべて同じというわけではない。ルピナスが、受粉を手伝ってくれる動物に対して誠実で模範的な行動をとるいっぽうで、さまざまな策略を駆使して相手をだまし、自分の目的を達成する植物もいる。もっとも有名な例がランだ。調査によれば、現存するランの三分の一の種類が、受粉を確実に行なうためにさまざまな戦略を駆使しているという。しかもそうした戦略は、人間の評価基準からするとまったく誠実さに欠けている。ランも昆虫を利用しているが、昆虫をだまして花粉を無理やり運ばせたあげく、なんの報酬も与えないからだ。自然界に誠実・不実という基準をもちこむのが適切かどうかはともかく、ランが虫をだますやり方はとても興味深い。ランは、生物のなかでもっとも優れた擬態能力をもっている。通常、擬態といえば、カメレオンやナナフシのような動物のことを考えるだろう。けれど、そうした動物の並外れた擬態能力でさえ、ランの一種であるオフリス・アピフェラには、とうていかなわない。オフリス・アピフェラの花は、いくつかの非社会性のハチ目（つまり、スズメバチやミツバチと同じハチの仲間だが、社会を作らずに生活している種類）の雌の姿形を完璧に模倣できる。それだけではない。形だけではなく、組織の硬さ、体表面の様子（体を覆う短い軟毛も）、もちろんにおいまで、そっくりにまねをする。さらには、交尾の準備ができた雌のハチが作るフェロモンまで分泌するのだ。つまり、この植物は三重の擬態を行なっているといえる。雌の体の色と形（視覚をだます）、毛で覆われた体表面（触覚をだます）、独特のにおい（嗅覚をだます）である。この完璧なものまねに、雄のハチは簡単にだまされてしまう。この罠のターゲットである雄バチは、この魅惑的な花の虜《とりこ》になり、花と交尾をしてしまうのだ。それほどまでに、この花の擬態は細部まで完璧だ。

オフリス・アピフェラの花の擬態は、まさに現実をしのぐほどリアルで、雄バチたちは、開花の時期にはこの花と交尾しようとする。すぐ近くに本物の雌バチがいるときでもだ！　そして、雄バチが雌バチだと思いこんでいるものと夢中で交尾しているとき、突然、花の仕掛けが作動して、雄バチは頭から花粉をかぶせられる。しばらくのあいだは雄バチの体から花粉はとれず、雄バチは自分の体ごと花粉を次の花に運ぶことになる（そして受粉させる）。この関係を見れば、植物と昆虫とではどちらが立場が上なのか、まったく明らかだろう。

◆においの詐欺師

このように、ランは一流の詐欺師のような、ずば抜けただましのテクニックを使っている。しかし、ランの完璧さに及ばないとはいえ、ほかのたくさんの植物も詐欺のわざを駆使して、哀れな虫たちを巧みにだましている。たとえば、アルム・パレスティヌム〔サトイモ科の植物で、別名ブラック・カラー〕もそうだ。これは中東原産の植物で、イタリアの道ばたや畑の畝《うね》でよく見られるアルム・イタリクムの仲間である。アルム・パレスティヌムは、ショウジョウバエをかなり奇妙な方法でだまして花粉を運ばせる。ショウジョウバエとは、よく果実に群がっているのを見かけるあの小さなハエのことだ。このハエをおびき寄せるために、アルム・パレスティヌムは、ハエにとってはたまらない発酵した果実のにおいを放つ。このにおいに引かれてやってきたショウジョウバエは、花のなかに入ってしまう。ところが、なかに入ると花が閉じて出られなくなるのだ。通常、一晩のあいだ、花のなかに閉じこめられる。

逃げ出すことは不可能だ。監禁されているあいだ、ハエは花のなかを飛びまわり、歩きまわり、ぐるぐる回っているうちに、全身が花粉だらけになる。そして花が開くと、ハエはようやく外に出られるが、たいていの場合、遠くに飛び去ることはない。発酵果実のにおいには勝てず、またすぐにべつのアルム・パレスティヌムの花に入りこんでしまい、ふたたび監禁される。こうして、ハエの体を覆っていた花粉が、受粉のために使われるのである。

アルム・パレスティヌムは、このように詐欺をはたらいて、自分のほしいもの（つまり受粉）を手に入れる。いっぽう、ショウジョウバエは花粉を運ぶという仕事をやりとげたのに、まったく報酬はもらえない。このような虫の嗅覚を巧みに利用する例は、数えきれないほどある。

もう一つだけおもしろい例をあげておこう。いや、巨大な例といってもいいだろう。それは、ショクダイオオコンニャク（アモルフォファルス・ティタヌム）の例である。この植物は、世界最大の花を咲かせる。まさに植物界のスーパースターであり、花が開くときにはいつも、植物園に大勢の客が押しかける。このショクダイオオコンニャクが花粉の配達人に選んだのは、クロバエである。この昆虫は、人間にはあまり好かれていないが、花粉の配達人としては有能だ。クロバエをおびき寄せるために、この植物は、クロバエの大好きなにおいを完璧にコピーする。それはなんと、腐った動物の死骸のにおいだ！　こんなにおいさえも植物はまねできるのである。

このように植物たちは、相手を巧みに操ることのできる並外れた能力をもっている。その点について疑いの余地はないだろう。さて、ここで一つ質問をしよう。自分が植物になったつもりで少し考えてみてほしい。あまり気持ちのいい質問ではない。もしかすると気を悪くさせてしまうかもしれないが……。こんな質問だ。「植物にとってもっとも有能な配達人は、どの動物か？」。さて、答えは？　まちがいなく、人間だ。人間は、いくつかの種類の植物の世話をして、繁殖させ、世界中に仲間を増やしてくれる。もちろん、そのかげでは、犠牲になってしまう植物の種類もいる。

植物からすれば、自分の世話をしてもらうためなら、この二本足で歩く奇妙な動物と無理にでも友人になるだけの価値はある。とすると、動物を巧みに操る優れた力を、植物が私たち人間に対して使っていないなんて、はたしていいきれるだろうか？　人間が好むような花、果実、味、香り、色を、植物は意図的に作り出しているのではないだろうか？　もしかすると人間に好かれるためだけに、人間の好みに合わせた姿形や特徴を作り上げているのかもしれない。そうすることで、人間はお返しとしてかいがいしく世話をし、世界中に増殖させ、敵から守ってくれるのだから。植物は私たちにすばらしい贈り物（見事な香りや美しい色や形など。これらは多くの芸術家にもインスピレーションをもたらしてきた）を与えてくれるが、そのような幸運はしごく当然のものだ。だれも無報酬では何もしてくれない。少なくともある種類の植物にとって、人間は地球上における最高の同盟者なのである。

◆とても特殊な配達方法

動物とコミュニケーションをとる植物の能力の例は、繁殖や、とくに種子の移動においても、たくさんあげることができる。種子を作り、それを広い範囲にまき散らすことは、植物が繁殖するための重要な最終段階だ。あらゆる植物にとっては、種子（新しい芽を生み出すための胚がふくまれている）をうまく環境のなかにばらまくことが重要だ。どうしてだろうか？　それには少なくとも二つの大きな理由がある。一つには、できるかぎり広い範囲に生息地を拡大していくことが、あらゆる種類の生命の根本原理だから。もう一つは、母体である植物の個体からできるだけ遠くに種子を拡散させることによって、限られた土地の資源を分けあわなければならなくなるのを避けるためだ。狭い場所にたくさんの種子が集まってしまうと、短期間で土壌の養分が尽きてしまい、子孫のための養分が足りなくなりかねない。こうした理由から、植物は種子をできるだけ広く拡散させる戦略を発達させてきた。そうした戦略は植物の種類によって異なっている。たとえば、種子を風に運んでもらう植物がある（風媒）。これはタンポポが有名だ。だれしも何度となくタンポポの綿毛を吹いて遊んだことがあるだろう。そよ風に乗って何キロも飛んでいける小さな種子の構造は、工学的見地から見ても驚異的だ。風媒のべつの例に、シナノキがある。種子についている一枚の苞《ほう》〔つぼみを包んでいる葉状のもの〕がプロペラの役割をして、わずかな風しか吹いてなくても長い距離を飛行できる。風に運んでもらうのもいいが、動物を利用して種子をまき散らす植物も見てみよう。鳥、魚、ネズミ、アリ、さらにはたくさんの哺乳類、大型の哺乳類まで、植物とビジネス関係にある動物は、非常にたくさんいる。

種子を運んでもらう場合、動物とのコミュニケーションはどのように行なわれているのだろうか？　それを理解するには、まず植物の実について知っておかなければならない。種子を動物に運んでもらうために植物が使っている道具は果実だ。果実は、受粉のときに動物を引き寄

「飛行する種子」である風媒の植物の例。できるだけ効果的に種子をまき散らすために風を利用する植物は、独特の飛行能力をもった種子を進化によって発達させてきた。代表的なものをあげる。パラシュートのような方法を使うタンポポ（上の図）、羽を使うカエデ（左下の図）、片翼を使うシナノキ（右下の図）。

せるために使っていた蜜にあたる。リンゴ、ココヤシ、サクランボ、アンズなど、甘くておいしい果実は、基本的に二つの目的のために用いられる。一つは、完全に成熟するまで種子を保護すること。もう一つは、ポニー・エクスプレスさながらに種子を配達してもらうための報酬である。

◆果実——郵便配達人への「プレゼント」

食用になる果実にかぎらず、あらゆる果実は、種子を保護するためのものだ。しかも、たいていの場合、動物を引き寄せる役割も果たしている。動物が果実を食べるときは、種子まで食べてしまうことが多い。動物は、食べた種子を元の場所から遠くまで運び、そこで体外に排出することになる。これは、種子を確実に拡散させる効果的な方法だ。

イタリアのような穏やかな気候や熱帯気候の地域で、もっとも一般的な種子の運び屋は鳥である。鳥と植物のコミュニケーションはどのように行なわれるのだろう？　サクラの例をあげてみよう。サクラは受粉のとき、とてもきれいな白い花を咲かせる。サクラの花は、ミツバチを引き寄せるために白い色を選んだのだろうか？　まさしく、そのとおり。ミツバチは白い色がよく見えるので、楽々と花にたどり着くことができる。でも、赤色は見えない。サクラの果実（サクランボ）が赤い色をしているのはミツバチのためではなく、べつの動物を引き寄せるため、つまり鳥のためだ。赤色は、葉のあいだでもよく目立ち、遠くからでもよく見える。そのため、飛んでいる鳥でも簡単に見つけることができる。

鳥はこの目立つ色に引かれて、種入りのサクランボに気づき、それを食べる。そしてふたたび飛び立ち、べつの場所で排泄物（いい肥料にもなる）として種子を体外に出す。とても効果的な種子の移動方法だ。元の場所からはるか遠くまで種子を運んでもらえるので、植物にとってはありがたく、動物にとってもサクランボを食べることができて、いうことなしだ。とはいえ、サクランボが赤いのは、種子が熟しているときだけである。熟すまでは緑色なので、葉の色にまぎれて、鳥にはなかなか見つからない。

どんな植物も、自分の果実が熟れるまではしっかりと守るものだ。未熟な果実には毒性のある化学物質がふくまれていて、食べると苦かったり、ぐあいが悪くなったりする。そうやって植物は、まだ熟していない種子が動物に食べられてしまうのを防ぐ。ときには、非常に強い毒性をもつ物質を使うこともある。アキーがそうだ。これはアフリカ原産の野生植物だが、西インド諸島でも見られる。アキーの果実は完熟すると美味で、中央アメリカの人々がよく食べる。とはいえ、食べるまえには注意が必要だ。本当に熟しているのかどうか、しっかり確認しなければならない。未熟な果実にはヒポグリシンという毒物が大量にふくまれている。それを口にすると重い中毒を引き起こし、昏睡、痙攣《けいれん》、錯乱、毒による肝炎、ひどい脱水症状、ショック症状など、低血糖症の典型的な症状が現れる。毎年平均二十人もの人が、未熟な果実を食べたせいで亡くなっている。

植物が種子の配達人として使っている動物は、もちろん鳥だけではない。べつの便利な動物は、果実を常食とする（簡単にいえば、果実が大好きな）サルだ。サルは、種子を拡散してもらうのに非常に役に立つ。もっとめずらしい配達人もいる。アマゾンには、コロソマという巨大な淡水魚が生息しているが、この魚は種子を運ぶために驚くような仕事をしているのだ。アマゾンでは、雨季になると川が広い範囲にわたって氾濫《はんらん》し、二十五万平方キロメートル以上の土地が湿地に変わってしまう。その湿地で、コロソマはたくさんの種類の植物の果実を食べて、数百キロも離れた場所にまで種子を運ぶ。なんともおもしろい種子の分散戦略だ。この戦略は、つい最近発見されたばかりである。

種子の移動には、アリも利用されている。アリは小さな果実も食べる。しかし、そうした果実は、その場で食べてしまうのではなく巣に運び、あとで食べるために「貯蔵庫」にしまっておく。このアリの習性は、多くの植物にとっては大歓迎だろう。一度で二つの希望をかなえてくれるのだから。つまり、種子は元の場所から遠くに運ばれるだけではなく、そのまま土のなかにまで運んでもらえる。土のなかは、発芽にうってつけの環境だ。アリの手助けは、植物にとって本当にありがたい。だから、いくつかの植物が、アリの協力を確実に得るために独特な種子を作っているのも不思議ではない。そうした特別な種子には、「エライオソーム」という丸い形をした特別な付属物がついている。これは非常に栄養価が高く、成分のほとんどがアリの大好物の脂質だ。エライオソームを使った商品とサービスの交換は一見シンプルだが、植物にとっては非常に有効にはたらく。アリは種子を巣に運び、エライオソームだけを食べ、残りの種子はそのまま放っておくのである。アリの巣のなかは、じめじめして、土は肥えていて、しかも外敵から守られている。まさに種子の発芽に理想的な場所だ。

アリは植物にとって、とてつもなく優秀なパートナーだ。そして、このアリと植物のあいだのコミュニケーションと相互協力は、研究者たちの心をとらえはじめている。ごく最近の発見では、オオアリ（このアリは、いくつかの種類の植物が外敵から身を守るときにも手を貸していて、それらの植物と特別に密接な関係を築いているようだ）と、ある種類の肉食植物、とくにウツボカズラとの協力関係が明らかになった。ウツボカズラの袋状の罠の内側の壁がすべりやすく、なかに入った虫は外に出ることができないことは、すでに前章で説明した。

ウツボカズラは、袋のまわりに蜜を分泌して獲物をおびき寄せ、袋のなかに誘いこむ。とはいえ、この罠がうまくはたらくためには、袋の内側がいつもきれいに掃除され、つるつるの状態に保たれていなければならない。ごみくずやほこりがたまっていれば、獲物は足場を見つけて、うまく逃げ出してしまうかもしれない。そのため、オオアリとの協力関係が重要になってくる。オオアリは少し蜜をもらうかわりに、ウツボカズラの罠をいつもきれいにしておく手助けをしているのである。植物の世界でもっとも恐ろしい「処刑装置」でさえも、やはり友人の助けが必要というわけだ！

第5章

はるかに優れた知性

生物学では、ほかのどの生物種よりも広い生活圏を獲得している種を「支配的」とみなす。生活圏をめぐる戦いに勝った種こそが、ほかの種よりも優れた環境適応能力をもち、生存競争のなかですべての生物がぶつかる問題をうまく解決する優れた能力をもっているとされるのだ。簡単にいえばこうだ。ある生物種が世界に広がれば広がるほど、その種が生態系のなかでますます重要で特別な存在になっていくのである。

例をあげてみよう。地球からはるか遠く離れた宇宙に、一つの惑星があるとする。その惑星に棲む生物の九九%が一つの種だったなら、どういうことになるだろう?「この惑星はその種が支配している」と考えられるのではないだろうか? では次に、私たちの住む地球に目を移してみよう。この場合はどうだろうか? きっとだれもが、地球を支配しているのは人間だと考えるだろう。しかし、証拠をあげて、本当に自信をもってそれが事実だといえるだろうか？　じつは、地球上のバイオマス（つまり、生物の総重量）のうち、多細胞生物の九九・七％（実際は九九・五〜九九・九％のあいだで変動し、その平均値が九九・七％ということ）は、人間ではなく植物が占めている。人類とすべての動物を合わせてもわずか〇・三％にすぎない。

この事実からすれば、まちがいなく地球は「緑の星」だと定義できる。そこに議論の余地はない。地球は、植物が支配している生態系である。でも、地球でいちばん愚かで、自分から行動を起こそうとしない受動的な生き物だとされている植物が地球の支配者だなんて、そんなことが本当にありえるのだろうか？　本章の冒頭で見たように、ほかの種に打ち勝って、より多くの生活圏を獲得しているというのは、より高い適応能力と、問題を解決する優れた能力をもっている確かな証拠だ。それなら、なぜ優れているとされている動物は、すべての多細胞生物のバイオマス（念のためくり返すが、個体の総数ではなく総重量である）のわずか〇・三％にすぎず、人間となると〇・三％よりもずっと少ない割合しか占めていないのだろう？　もっとはっきりいってしまおう。この客観的なデータが、「われわれこそが地球の支配者であり、地球を自在に操る力をもち、ほかの種よりも大きな権利をもっている」という人間の思い上がった考えと矛盾しているのは、いったいどういうことなのか？　もし、自分たちに関する話題ではなく、ごくふつうの（中立的な）科学研究の話題だったなら、もっとシンプルに論理的に考えることができるだろうか？　つまり、「植物が九九・七％であるのに対して、動物は地球上の全生物の〇・三％でしかない」といわれたら、すんなり受け入れられるだろうか？　ともかく、植物は支配的な存在であり、動物はごくわずかしか存在しない。これはまぎれもない事実だ。では、この事実をどう説明できるのだろう？　その説明は一つしかありえない。植物は、私たちが考えているよりもはるかに洗練され、はるかに優れた適応能力と、はるかに優れた知性をもった生物だということだ。

脳がないなら知性はないのか？

「知性」という言葉を植物に対して使ったとたんに、ひどく耳ざわりな気がするのはどうしてだろう？　この問いの答えは、本章が終わるまでに明らかにする。とりあえず今は、数千年にわたり、偏見とまちがった観念のせいで、私たちの植物観がゆがめられてきたことを思い出そう。これまで本書では、「植物の知性」という表現を使うことがどうして正しいのか、その理由となるものがどれほどたくさんあるのか、その点について説明してきた。いくつかをここでふり返ってみよう。

動物とちがい、植物は生まれた場所から移動しない生物であり、地面に根を張って生きている（例外もいるが）。そんな状態で生きのびるために、植物は、動物とは異なる方法で栄養を摂取し、繁殖し、世界に広がっていけるように進化してきた。さらに、外敵からの攻撃に対処するために、モジュール構造の体を作り上げてきた。この構造のおかげで、動物に体の一部を奪われても（たとえば、草食動物に葉や茎を食べられても）たいした問題にはならない。植物の体には、脳、心臓、肺、胃などの個々の器官が存在しない。そうした器官をもっていたら、（草食動物によって）被害にあったり食べられたりした場合に、個体の生存が危険にさらされることになるからだ。植物のどの部分も、絶対に必要不可欠というものではない。植物の体は、たいてい必要以上の量の同じモジュール（部品）が集まってできている。各モジュールは相互に作用しあい、しかも、ある条件下ではモジュールだけでも独立して生存できる。こうした特徴によって、植物は動物と非常に異なった生物となり、個体というよりもコロニーによく似たものになっている。

植物が人間と異なる構造をもっているせいで、私たちは植物を異質で、自分とは無縁な存在だと思うようになってしまった。ひどいときには、植物が生きていることを忘れてしまいさえする。いっぽう、ほとんどすべての動物には共通して、脳、心臓、口、肺、胃がある。そのおかげで、私たちは動物を自分に近くて理解できる存在だと感じている。ところが、植物の体の構造は動物とはまったく異なっていて、私たちは植物のことをよくわかっていない。そのため、さまざまな疑問がわいてくる。心臓がないなら体液が循環しないのではないか？　肺がないなら、呼吸しないのではないか？　口がないなら、栄養摂取しないのではないか？　胃がないなら、消化しないのではないか？　すでに本書で見たように、植物についてのこうした疑問には、どれも適切な答えがある。どの機能も、それを制御して実行する個々の器官がなくても、きちんと植物にそなわっている。では、次のような疑問はどうだろう。「脳がないなら、植物はものを考えていないのではないか？」

この疑問から、植物には知性がないという偏見が生まれる。特定の機能のための器官がないのに、どうやって、その機能を果たすことができるというのか？　しかし、すでに見てきたように、植物は口がないのに栄養を摂取し、肺がないのに呼吸している。私たちと同じような感覚器官をもっていないのに、植物は見て、味わって、聞いて、コミュニケーションを行ない、おまけに動くのである。それなら、どうして植物が思考しないと決めつけられるのだろうか？　植物が栄養をとったり呼吸したりしていることは、だれにも否定できない。だとしたら、植物に知性があるという仮説だけが、どうしてあからさまな拒絶反応を引き起こしてしまうのだろう？　この点について考えるには、一歩ひいて、このような問いを立ててみる必要がある。「そもそも知性とは何か？」。知性は意味が広すぎて定義がむずかしい概念なので、当然のことながら、さまざまな定義がたくさん存在する（もっとも愉快な定義は「知性の定義は、定義を行なう研究者の数だけ存在する」だろう）。

そこで、まず最初に行なうべきは、私たちの問題にふさわしい定義を選択することだ。植物の知性を考えるために、かなり広い定義を使うことにしよう。それは、「知性は問題を解決する能力である」という定義だ。もちろん、植物に使用できるのは、これだけではないだろう。

ほかのものでもうまくいくかもしれない。だがまあ、とりあえずはこの定義を使おう。しかし、ここでべつのおもしろい定義も見ておこう。「知性は人間にしかない認知能力や抽象的な思考とかかわっているため、人間だけが特権的にもっているものである」という定義がある。これによれば、ほかのすべての生物は知性のかわりに、ほかの「能力」をもっているが、それには「知性」以外の適切な名前がつけられなければならないということになる。これは一見、筋が通っているように思える。でも、本当に正しいのだろうか？　人間を人間たらしめている、人間だけに特権的な特徴とは、いったいどのようなものなのだろう？

人工知能から何か学ぶことはできるだろうか？

人間の知性にしかない特徴とはどんなものなのか、理解するのは容易ではない。とはいえ、それを考えるためには、人工知能（ＡＩ：Artificial Intelligence）の研究が役に立つかもしれない。人工知能の分野では、数十年まえから、人間の知能の本質はどのようなものか、機械と人間を区別するのは何か、というテーマについて議論が交わされてきた。こうした問いに答えるために、毎年、世界的なＡＩ研究者たちが一堂に会し、「チューリングテスト」と呼ばれる実験を行なっている。このテストの名称は、情報科学の父で、偉大な数学者アラン・チューリング

(一九一二〜五四年)からとられたものだ。一九五〇年にチューリングは「機械は思考するのか?」と考えた。もっと正確にいえば「いつか機械が思考能力を手にする日は来るのだろうか? もしその日が来れば、われわれはその事態をどのように受け止めるだろうか?」と考えたのだ。

チューリングは、奇抜な理論モデル作りに没頭したり、知能の定義の泥沼にはまりこんだりすることはなかった。彼は、非常にシンプルな実験を提案した。こういう実験だ。まず複数の審査員を決める。各審査員は、姿を隠した二人の対話者と、コンピューター端末を通して会話を行なう。話題はなんでもかまわない。といっても、二人の対話者のいっぽうはコンピュータープログラムで、もういっぽうは本物の人間である。審査員たちは二人との会話から、どちらが人間でどちらが機械なのかを判断しなければならない。

チューリングの決めたルールでは、五分間の会話のあと、審査員の三〇%がだまされると、テストは合格とみなされる。合格する日が来るまで、テストは何度もくり返されなければならないとチューリングは考えていた。そして彼は、二〇〇〇年までには合格するだろうと予測し、「いずれは、思考する機械について、矛盾を感じることもためらいを覚えることもなく、語ることができるようになるだろう」と述べている。

今日まで、どんな機械もまだ、審査員の三〇%をだますことに成功していない(二〇一四年六月に、ロシアのスーパーコンピューターがチューリングテストに「合格」した。だが結果の有効性については疑問の声もあがっている)。しかし、人類が降伏する瞬間は足早に近づいてきている。ソフトウェアが完全に人間の会話を模倣できるようになるまで、そう時間はかからないだろう。そのとき、私たちは本当に思考機械について語ることができるのだろうか？　チューリングによれば、その答えは「イエス」である。そのとき、私たち人間にとって、何が変わることになるのだろう？　それに答えるのはむずかしい。

人類は、自分たちが生物のなかでもっとも優れ、宇宙の中心を占めている存在だと、数千年のあいだ信じてきた。ところが今では、この確信は根底から揺るがされ、決定的に否定されたはずだ。まず、私たちが住んでいるのは、宇宙の辺境に位置する銀河系の、まったくとるに足らない一惑星にすぎないことがわかり、地球を中心に置く宇宙の概念を捨てなければならなくなった。さらには、人間はほかの動物とよく似ていて、人類の起源さえも動物にあるのだと認めなければならなくなった。なんという敗北だろう！

そのため人間は、人間以外の森羅万象と自分たちを区別するために、動物には乗り越えられない概念の壁を築きはじめた。たとえば、人間しか言語を使用しない（これは真実ではない）、人間しか構文規則を使わない（これも真実ではない）、人間しか道具を使用しない（これも真実ではない。タコだって道具を使う！）など。かつて、複雑な計算を行なえるのは人間だけだったが、今では、わずか数ユーロで買える安物の計算機と張りあおうとする者などいない。何世紀も時が過ぎゆくにつれ、人間は徐々に退却を強いられてきた。しかも、その退却は避けられないうえに、どこまでいっても終わりが見えない。このことには、いくつかの重要な問いがふくまれている。

かつて人間が独占していると思われていた知的な特徴を、機械がまねすることができ、しかもその能力を人間以上に向上させることができるという事実は、いったい私たちに何をもたらすのだろうか？　今日コンピューターは、人類最強のチェス・チャンピオンを負かすことができ、あらゆる事項を一つのミスもなく、そしてほとんど際限なく記憶することもできる。また、予測を行なうこともでき、翻訳することもできる。さらには作曲さえできるのだ（優れた曲とはいえないかもしれないが）。人工知能のこうした成功に対して、ふつう私たちは「機械にいろいろなことができたって、それ自体は本当の知性の現れではない」と考えている。とはいえ、こうした事態がどんどん進んでいき、知性をもつ人間の特権だと考えられていたもののすべてを、機械がまねできたり、人間以上のことができたりするのなら、いつか人間が機械よりも下位に位置していることを認めなければならなくなる日が来るのではないか？　だとすれば、人間とほかの生物とを区別する拠りどころとして知性をとらえるのと、人間とほかの動物や植物を結ぶ絆として知性をとらえるのとでは、どちらが賢いだろう？

知性の境界線

「多くの動物は知的である。なぜなら、ほかの動物を利用して食べ物を手に入れたり、言葉を作り出したり、迷路から脱出したり、いろいろなタイプの問題を解決する能力を示しているからだ」と、私たちは自信をもって断言できるだろう。では次に、こう質問してみよう。「植物に、これと同じことはできないのか?」。もちろん、できる。というより、いつもそうしている。複雑な戦略を使って捕食者から身を守る。その際には、ほかの種を巻きこむこともめずらしくはない。受粉のために信頼できる「配達人」に花粉を運んでもらう。障害物を迂回する。互いに助けあう。動物を狩ったり、うまく操ったりすることができる。養分、水、光、酸素を手に入れるために動くこともできる。

このように植物は、動物と同じことができる。それなのに「植物はあらゆる点で知的な生物である」と、どうして認めないのだろう? 植物の活動を本当に観察したことがある人にとっては、あたりまえのことなのに。明らかな事実を否定するのではなく、植物が問題を解決している方法は、私たち人間にとって貴重な情報源だときちんと認めて、それを参考にする方が得策ではないだろうか?

知性はすべての生命の特質であり、もっとも下等な単細胞生物さえももっているはずのものだ。どんな生物も、生きていくためにはたえず問題を解決しつづけなければならない。そうしたさまざまな問題は、本質的には、私たち人間に降りかかる問題とたいして変わらない。生物がぶつかる問題にどんなものがあるのか考えてみよう。食べ物、水、居住地、仲間、防衛、繁殖……。私たちが今ぶつかっている問題の多くも、もともとはこうした問題から生じているのではないだろうか？　知性がなければ生命ではない。この明らかな真実を認めることに、まったくためらう必要はないはずなのだ。たしかに人間の知性は、細菌や単細胞の藻類の知性よりもはるかに優れている。ただ、そのちがいも、結局は量のちがいにすぎず、質のちがいではない。

もし知性を「問題を解決する能力」と定義するなら、知性をもっている生物ともっていない生物とのあいだに境界線を引くことなど、どうやっても不可能だ。ここから上の生物には知性があり、ここから下の生物は、じつはただのロボット（外部からの刺激に自動的に反応する存在）にすぎないなどということはありえない。それでも、動物は知的だがほかの生物はそうではないと主張しつづけたいのなら、進化の過程のなかで、正確にどの時点で生物に知性が現れるのか、はっきり示すべきだろう。

ためしに、そのことについて考えてみよう。人間は知的であるということを疑う人はいないだろう。ではほかの霊長類はどうか？　ほかの霊長類に知性があることは、はっきりしている。イヌは？　もちろんある。ネコは？　ネコを飼っている人はだれもが「イエス」と答えるだろう。ネズミは知的ではないのだろうか？　そんなことはない！　アリは？　タコは？　爬虫類は？　ミツバチは？　アメーバは？　アメーバは迷路から抜け出す能力をもち、反復現象を予想して行動できる。では、ある一線を越えれば不思議なことに知性が突然現れるというような、進化の境界線はあるだろうか？　それよりも、もっと正確に進化を理解すれば、知性は生命にはじめからそなわっているものとして考えるべきではないだろうか？　さもないと、この問題はますます解決がむずかしくなるにちがいない。

知性がなんらかの境界線を越えることで発生すると仮定するなら、次のような疑問を抱かざるをえない。つまり「その境界線は変わることのない固定されたもの、つまり生物学的な境界線なのか？　それとも文化的な特徴をもったもの、つまり時と場所によって変わりうる境界線なのか？　どちらだろう？」と。十九世紀には、動物が知的だと考える人はほとんどいなかった。ところが今日では、サルやイヌや鳥を知的でないと主張する研究者は皆無だ。細菌の知性についての文献すら膨大な数が存在する。では、どうして植物の知性については語られないのだろうか？

すでに本書で見てきたが、あらゆる植物は、大量の環境変数（光、湿度、化学物質の濃度、ほかの植物や動物の存在、磁場、重力など）を記録し、そのデータをもとにして、養分の探索、競争、防御行動、ほかの植物や動物との関係など、さまざまな活動にまつわる決定をたえずくださなければならない。植物のこうした能力を知性といわずしてなんといえばいいのだろう？　それに、今から百年以上もまえに、植物には進化による驚きの能力があるということにすでに気づいていた者がいたのだ。人類史上まれにみる偉大な天才、チャールズ・ダーウィンである。けれども、植物の知性について考えるには、時代はまだ成熟していなかった。のちに永遠の名声をもたらすことになる進化論をはじめ、自説を批判から粘り強く守ることに忙しかったダーウィンは、植物の知性に関する考察は、植物研究のいくつかの著作や、彼の「メモ」（これが科学にとってどれほど重要なものなのかは、最近になってようやく明らかになった）で触れるにとどめた。

ダーウィンが植物学に捧げた六冊の著書のうちの一冊は、彼が植物について考えていたことを理解するには欠かせない必須文献だ。これはダーウィンにしてはめずらしく、実験データであふれた唯一の著作となっている。この革命的な著作のタイトルは、『植物の運動力』である。

チャールズ・ダーウィンと植物の知性

チャールズ・ダーウィンが植物の世界に近づいたのは、ケンブリッジ大学の神学生として、ジョン・ヘンズロー（一七九六〜一八六一年）〔イギリスの植物学者、博物学者、地質学者〕の講義に出席していたときだ。ダーウィンはすぐにヘンズローの弟子になり、学内では「ヘンズローと散歩する男」として知られるようになった。ダーウィンの人生において、ヘンズローは非常に重要な人物だった。ロバート・フィッツロイ船長に、ビーグル号に乗せて連れていく「話し相手」としてダーウィンを推薦したのが、ヘンズローだったのだ〔ダーウィンはビーグル号の二度目の航海のときに上陸したガラパゴス諸島で進化論のヒントを得たとされる〕。ダーウィンが植物学の基礎を学んだのはヘンズローの下でであり、一生涯植物の世界に情熱を抱きつづけたのもヘンズローのおかげだった。ダーウィンが自伝のなかで、ヘンズローとの出会いが人生でもっとも重要な出来事だったと書いたのは、師への感謝の気持ちからである。ケンブリッジ大学の学生だったころから、その後数十年のあいだ、ダーウィンは大きな情熱をもって植物に身を捧げ、この魅力的な生き物のなかに進化論の証拠を探し、人生の晩年まで植物への関心をずっと抱きつづけた（亡くなる九日まえに書いた手紙さえ——存在が確認されているダーウィン最後の手紙だ——植物に関する内容だった）。

『植物の運動力』は、植物学の歴史を変える革命的な書物だ。この書物の最終段落を読めば、そのことが納得できるだろう。すでに触れたように、ダーウィンはほかの数々の著作でも慣例になっているが、研究の本質的な結論を著作の末尾に置く。植物の根系の運動と、植物にそなわっている知性との関係について、ダーウィンはこう書いている。「したがって、根端にはこのようにたくさんの感受性がある。そしてこのような感知能力を持ち、根端のすぐ上の部分を運動させる能力をもっている幼根の先端は、体の前方にあって感覚器官からの影響を受けとり、それに適応した運動を引き起こす下等動物の脳のような働きをしていると

チャールズ・ダーウィン——非常に優れた植物学者であり、植物の能力に魅了されていた（マンクーゾ画）。

いっても決して言いすぎではないだろう」〔『植物の運動力』渡辺仁訳、森北出版〕

この五百ページを超える大著のなかで、天才科学者ダーウィンは、植物が行なう数々の運動について記している。とくに根の運動には、その四分の三もの分量を費やしている。ダーウィンがこんなにも根ばかりを観察しているのには、はっきりとした理由がある。ダーウィンは、動物と共通する植物の運動の大部分が根で見られることに気づき、根がほかの生物と植物の活動の類似点を考えるための最適な例だと考えたのだ。実際、根は知性の特徴を示す一連の活動（まず「環境から受ける刺激の知覚」、それから「進むべき方向を決定」、そして最後に「運動」）を行なっており、植物の知性を実証できる部位がまさに根（厳密にはすべての根端）なのである。

ダーウィンは、ミミズのような下等動物の脳と植物の根端のあいだには、本質的なちがいはないと確信した。『植物の運動力』の最終章では、根端の並外れた感覚能力についてくり返し記している。

我々は機能に関するかぎり幼根の先端ほどすばらしいものはほかにないと思っている。もし根端に軽い圧力を加えたり、焼いたり、切ったりするとすぐその上どなりへ影響が伝わり、その影響を受けた部分は反対側へ曲がってくる。……（略）……さらに、もし根端が一方の空気よりもう片方の空気が湿っていることを感ずると、同じ様にその上どなりへ影響が伝えられ、そこが湿っている方へ曲がってくるのである。根端を光で刺激すると……

（略）……となりの部分が光の反対側へ曲がってくる。しかし重力で刺激すると同じ場所が重力の中心へ向かって曲がってくるのである。〔同書〕

ダーウィンは、根端が優れた感覚器官であり、環境のさまざまな変数を記録し、それに対応する能力をもっていると最初に気づいた研究者だ。さらに彼は、根端が外部の刺激を感じとれることを証明したあと、根端が信号を作り出して、根端に隣接する根の部分を動かしていると主張した。また、根の先端を切りとってしまえば、根は感覚能力の大部分を失ってしまうことを実験によって確認したのである。たとえば、根端がなければ、根は重力を知覚したり、土壌の堅さを識別したりすることができなくなる。こうしてダーウィンは、その一世紀後に「根＝脳仮説」として知られることになる仮説を立て、根の生理学の研究にとりくみはじめた。根の運動は、「すべての植物の生活にとって比較するものがないほど重要な意味をもつ」〔同書〕ものであり、ダーウィンが根の研究に向かったのも当然だろう。

ダーウィンが提示したほかの多くの学説とは異なり、彼の植物についての説は科学界に熱狂的に迎えられることはなかった。それどころか反応はかなり否定的だった。とくにドイツの植物学者たちから大きな批判を受けたが、それはダーウィンが予想していたことだった。彼はこう書いている。「私は息子フランシスといっしょに、植物の運動に関するかなり大部の著作を準備していています。そのなかで多くの新しい情報と新しい学説を示すつもりです。私たちの学説が、ドイツでは大きな反発に出合うのではないかと懸念しています」（一八七九年のユリウス・ヴィクトル・カルス〔ドイツの動物学者、昆虫学者〕への手紙から）

これら強烈な反発は、まっとうな科学的動機から出たものではなかった。とくに面倒だったのは、ドイツの偉大な植物学者ユリウス・フォン・ザックス（一八三二〜九七年）が、ダーウィンの仮説を不当な「領土侵犯」とみなしたことだ。当時、ザックスは大きな尊敬を集める植物学者だった。そんな彼は、ダーウィンの研究をしょせん「素人の愛好家」の仕事にすぎず（つまりは、田舎の別荘で趣味で実験を行なっているということ）、自分がとりくんでいる植物の生理学研究のような真剣な仕事とは比べようもないと考えていた。

『植物の運動力』の出版後、ザックスは助手のエミール・デトレフセンに、ダーウィンの実験を再現してみるように指示した。とくに念を押したのが、根冠（根端のさらに先端部分）を除去したあとの根の活動についての実験だった。

この再現実験の目的は明らかだ。ダーウィンが『植物の運動力』でたどり着いた結論の有効性を反証するためである。デトレフセンは何度も実験をくり返した。ところが、あとになってわかったことだが、ザックスの研究室ではダーウィンの研究が見くびられているせいもあり、実験はかなりいい加減に行なわれた。こうして得られた実験結果はダーウィンのものとは異なっていた。

すぐさまザックスは行動に出た。彼はダーウィン親子を（まさに「素人の愛好家」として）不適切なやり方で実験を行ない、まちがった結論を導いたとして猛烈に非難したのである。もちろんダーウィン親子は自説を守るために反論した。

この著名な植物学者どうしの論争は、当時の科学界でかなりの反響を呼んだ。そのせいもあって、ザックスの元弟子で、名高い植物学者のヴィルヘルム・ペッファー（一八四五～一九二〇年）がふたたびダーウィンの実験を検証することにした。すると、彼は純粋な科学的精神から行動し、ダーウィンと同じ実験結果を得たのだ！　こうしてペッファーは、『植物生理学教本（*Lehrbuch der Pflanzenphysiologie*）』（一八七四年）のなかで、ダーウィン親子の偉大さを認めた。ますます敵意を燃やすザックスは、この著作を「得られた結果を未消化のまま詰めこんだだけにすぎない」と批判した。

もちろん今日では、ダーウィンが正しいとわかっている。それどころか、根端はダーウィンが考えていたよりもずっと大きな価値をもっていると認められるようになり、環境に関する無数の物理的・化学的な変数《パラメーター》を感知できるとされている。

根端はデータ処理センター

この節では、まず絶対的に明らかな事実を補強することからはじめよう。その事実とは「植物は脳をもたない」ということだ。このことはすでに本書で何度も述べた。この事実をさらにはっきりさせるために、ふたたびくり返しておこう。植物は、私たちの知っている脳とわずかでも似ているようないかなる器官ももたない。でも、このことは植物が知性をもっていることを否定できる決定的な証拠となるだろうか？

私たち人間にとって、脳は知性をつかさどる器官だ。話し言葉で使われる「脳みそが詰まっている」と「脳みそが足りない」という表現は、優れた知的能力をもっている者と、そうでない者を指し示すものだ。

私たちは、この驚異の器官を授けられている。人間だけではない。なんらかの知性をそなえていることがわかっている動物たちも、みんなそうだ。この複雑な器官がもつ機能の大部分はまだ解明されていないが、脳がなければ知的生物ではありえない。少なくとも動物にとってはそういえるだろう。そこで、考えるべき最初の問いはこうだ。脳は本当に知性の唯一の「生産」の場なのだろうか？　もし体を欠いたとしても、それでも脳は完全に知的なのだろうか、それとも逆に、なんの変哲もないほかの細胞と同じようにみなされるのだろうか？　体を欠いた脳のなかに、知性の痕跡を見つけることなどできるのだろうか？

脳だけでは知性が生まれないことはまちがいない。人類最高の天才の脳ですら、それ自体では胃よりも知的なわけではないのだ。実際、脳は魔法の器官ではなく、単独では何も作り出すことはできない。どんな知的な反応をするにも、体のほかの部分から届けられる情報が必要不可欠だ。

では、植物の場合はどうだろう。植物の場合、認知と身体機能は切り離されてはおらず、個々の細胞すべてと結びついている。つまり植物は、ＡＩ研究者たちが「身体化したエージェント（embodied agent）」（自分自身の物理的な身体を通して、世界と相互作用を行なう知的な動作体《エージェント》）と呼ぶものの生きた例なのだ。

これまで本書でくり返し強調してきたように、進化を通じて、植物は個々の器官に機能を集中させずに、体全体に機能を分散させたモジュール構造の体を作り上げてきた。これは、体の各部分を失っても、個体の生存が危険にさらされることがないための根本的な選択だ。植物は、肺も、肝臓も、胃も、膵臓《すいぞう》も、腎臓ももたない。それでも、それらの各器官が動物において果たしている機能すべてを、植物もきちんと果たすことができる。それなら、脳がないからといって、どうして植物に知性があってはいけないといえるのだろうか？

根のケースをとりあげてみよう。すでに見たように、ダーウィンは、根には行動を決定する機能と伸張の向きを定める機能があることに気づいていた。現在、根端つまり根の先端に、地中での根の成長を正しい方向に導く機能と、水、酸素、養分を探して土のなかを探検する機能があることは、一般に知られている。もし根の成長が、「水を探せ」や「低い方向に向かって伸びろ」といった単純な指示に従うだけの自動的なものなら、たいしてむずかしい仕事ではない。この場合、個々の根が果たすべき役割は、たしかになんでもないものになる。たとえば

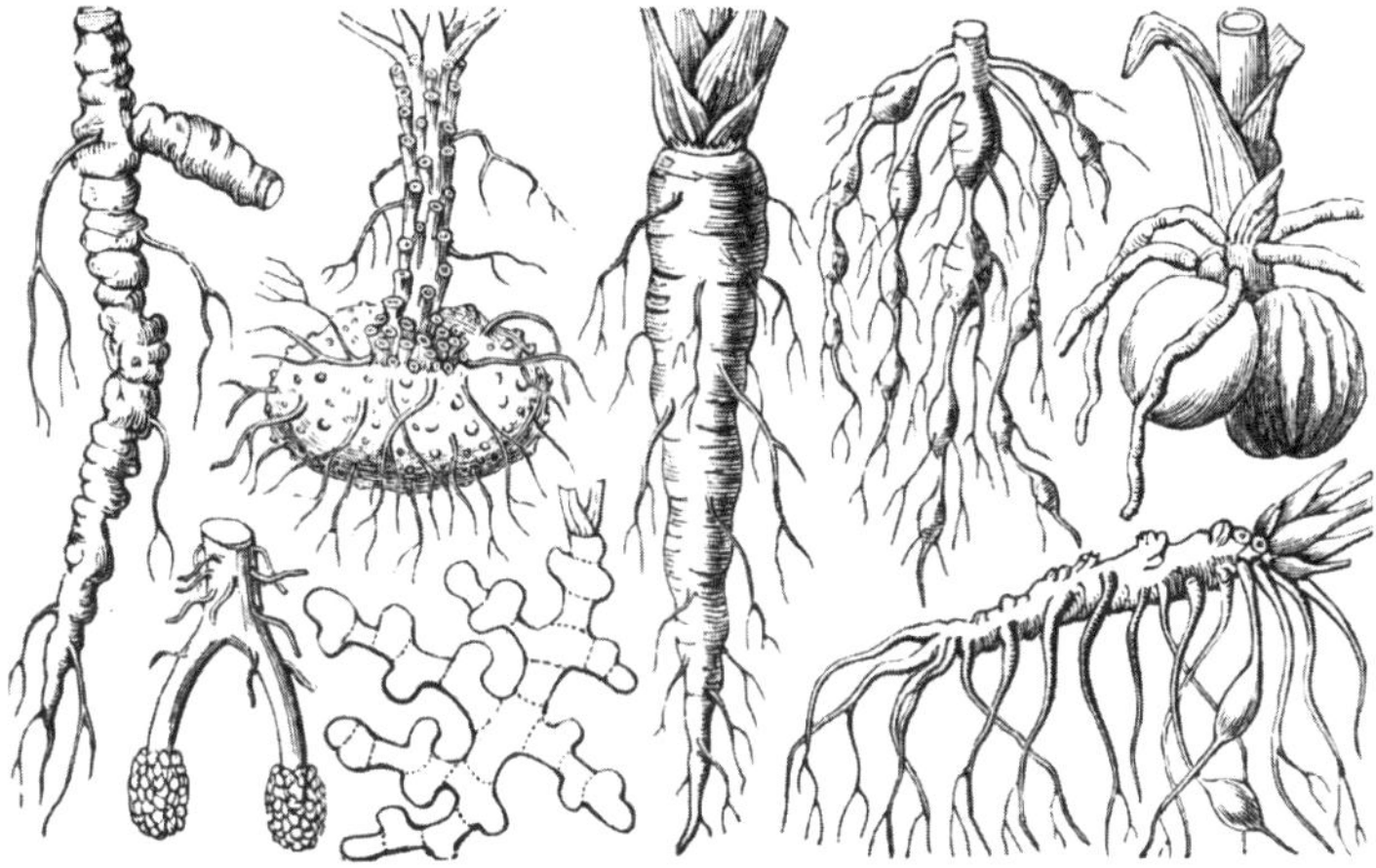

根系の例。根は植物の隠れた半身であり、もっとも興味深い部分である。この絵はさまざまなタイプの根を示している。

「水を感知してその方向に伸びる」や「重力に導かれるままに低い方向に伸びる」など、簡単きわまりない仕事だ。でも、実際はそうではない。根にとってはたいへんかもしれないが、その機能はもっと複雑なものだ。根はたくさんの仕事をこなさなければならないし、さまざまな要求のあいだでうまくバランスをとらなければならない。根端は、地中を探検し、根を正しい方向に導きながら、同時に複雑な調整作業もしなくてはならないのだ。

酸素、ミネラル、水、養分は、地中のさまざまな場所にあるが、それぞれが遠く離れた場所に分散していることもある。したがって、根は重要な決定をたえずくださなければならない。右へ伸びて、リンにたどり着くべきか、それとも左に伸びて、いつも不足しがちの窒素を見つけるべきか？　下に伸びて、水を探すべきか、それとも上に伸びて、きれいな空気で呼吸するべきか？　対立する要求をうまく調整し、行動を決定するにはどうすればいいのか？　さらに、根が伸びていく際には、たびたびぶつかる障害物を迂回しなくてはならず、敵（べつの植物や寄生虫）に出くわして「身をかわしたり」、防衛したりしなければならないこともある。こうした選択は、序の口にすぎない。一本の根にとっての必要性だけではなく、植物の個体全体にとって何が必要なのかということも考慮に入れなければならないからだ。おまけに、一本の根の必要性と個体全体の必要性が食いちがうこともある。

なんと多くの条件を考慮しなければならないのだろう！　どれも、生きるために絶対的に重要なものばかりだ。たとえば水を探す場合、一つの植物は、どうやってすべての根が同じ水のある方向を向いてしまわないようにしているのだろうか？　もし根の成長がたんに自動的にそちらを向くように命令されていたなら、命を危険にさらすことになってしまう。この疑問に答えるには、まずはこの驚異の能力をもつ根端がどういうもので、どのような働きをしているのか、理解しておく必要があるだろう。

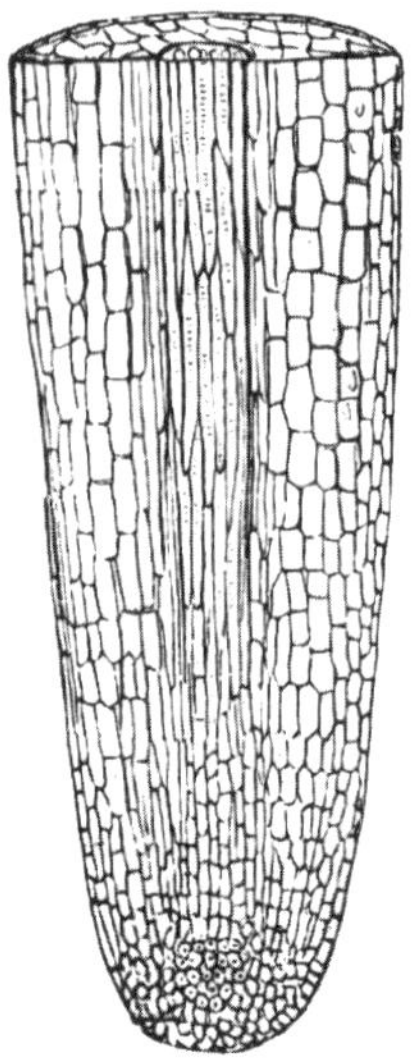

根端——あらゆる根の先端は、複雑な感覚器官のかわりになっている。

根端とは根の先端部のことであり、

長さはわずか数十分の一ミリ（シロイヌナズナ）から二ミリ（トウモロコシ）まで、種類によってさまざまだ。根端は根の伸びる部分、つまり活発に活動している部分で、色はたいてい白色だ。優れた感覚能力をもち、さらには活動電位〔刺激に応じて細胞膜の内外で生じる一過性の電位差（膜電位）の変化〕を基盤にした非常に強力な電気活動を行なっている。すなわち、動物の脳においてニューロンが用いているのと非常によく似た電気信号を作り出しているのだ。そして、あらゆる植物が数えきれないほどたくさんの根端をもっている。非常に小さな植物一個体でも、その根系には千五百万以上の根端があることもある。

各根端は、数多くの変数をたえず計測している。たとえば、重力、温度、湿度、磁場、光、圧力、化学物質、有毒物質（重金属など）、音の振動、酸素や二酸化炭素の有無など。これだけでも驚きのリストだが、これで全部ではない。変数の数は、研究者によってたえず更新されていて、年々増えているのだ。

根端はこうした変数をたえず記録し、植物の各部の要求と個体全体の要求を考慮に入れて計算を行ない、その結果に応じて根を伸ばしていく。

もし根端の行動が自動的な反応にすぎないなら、そうした要求に応じることなどまったく無理な話だ。実際、あらゆる根端は正真正銘の「データ処理センター」だ。しかも単独で動いているのではなく、植物一個体の根系を構成するほかの無数の根端とネットワークを築いているのである。

植物は生きたインターネット

ここまで、個々の根端の機能について説明してきた。ライムギやカラスムギのような小さな植物でさえ何千万という根端をもっているし、樹木となるとまだきちんとした調査は行なわれていないが、それでも数億はくだらないだろう。これらのたくさんの根は、どのように一つにまとまって機能しているのだろうか？　もちろん、植物の一個体から生えている根はすべてつながっているので、各根端は一つひとつ独立したものというよりも、むしろ、集合的に機能できるネットワークの一部だと考えた方がいいのは当然だ。

どういうことか、おわかりだろうか？　根のネットワークについて理解を深めるために、まずはインターネットについて考えてみよう。インターネットは、人間がこれまで創造したなかでもっとも大きく、もっとも効果的なネットワークだ。

非常に複雑な計算をする方法を求めて、ここ数十年では大まかに二つの方向に研究が進んでいる（このことは、植物に関する本書の議論と非常に深い関係がある）。一つは、驚くほど大量の計算を短時間で実行できる高性能な巨大コンピューターの開発だ（二〇一二年に完成した〈セコイア〉というＩＢＭのスーパーコンピューターは、六十七億人の人間が一日二十四時間ずっと電卓を使って、三百二十年かけてようやく完了する一連の計算を、わずか一時間で終える)。もう一つは、インターネットのようなネットワークにそなわっている、全体としては膨大な計算能力を活用する研究だ。この対照的な二つの研究の方向性は、生物の計算能力を高めるために進化がとった二つの戦略にとてもよく似ている。一つは、ますます大きくて優れた脳を作り出すこと(この場合〈セコイア〉にあたるのは、明らかに人間である)。もう一つは、知性を分散させるという戦略である。その戦略は、たとえば社会性昆虫や植物に見出すことができる。

スーパーコンピューターの計算速度は圧倒的で、インターネットのようなコンピューターネットワークよりも優れている。この優劣は今後もずっと変わらないだろう。いっぽうで、ネットワークが保証する確実性も、無視できない重要な要素だ。

インターネットの最初のバージョン(ARPANET)は、DARPA(Defense Advanced Research Projects Agency:アメリカ合衆国国防総省の国防高等研究計画局)〔当時はARPA=高等研究計画局といった〕によって考案され、大規模な核攻撃にも耐えられるようにモジュール構造が用いられた。ネットワークを構成する個々のコンピューターの大部分が破壊されたとしても(これがポイント)、モジュール構造のおかげでネットワークは健在であり、その結果として、情報は伝達されつづける。そう、これと同じ戦略を植物も採用しているのだ。無数の根端がネットワークとして機能し、かなりの部分が破壊されたり、食べられたりしても、ネットワーク自体の生存が危機にさらされることはない。

また、一つひとつの根端が大きな計算能力をもっているわけではないが、ほかの根端といっ

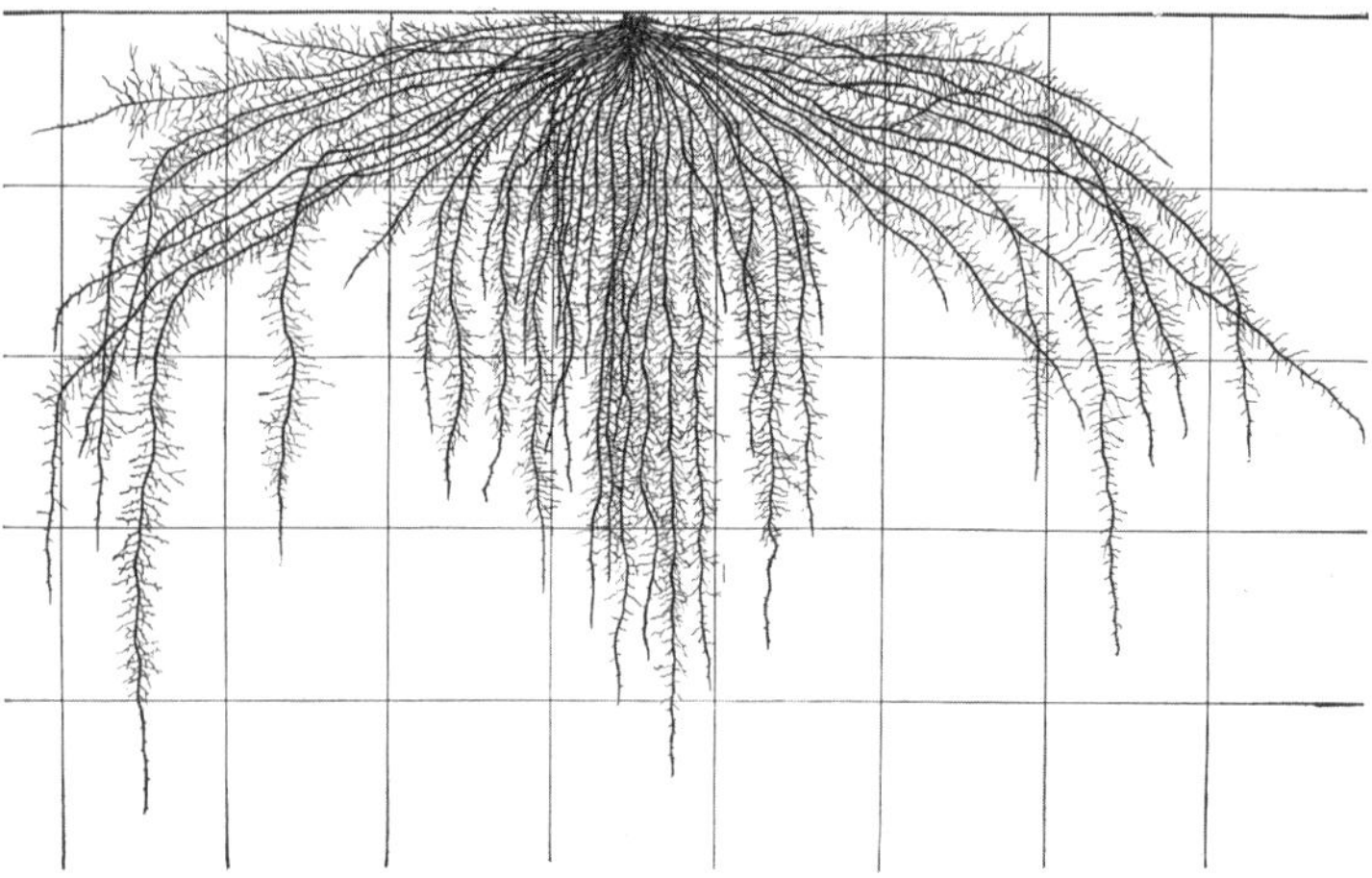

8週間栽培されたトウモロコシの根系。根系は数千万もの根端をもつ。

しょになると、まさにアリの群れのような驚くべきパワーを発揮する。アリは一匹では複雑な戦略を定めることなどできないが、ほかのアリといっしょになることで、自然界でもっとも組織的で複雑な社会を構築できるのだ。

けれど、根はどうやってほかの根といっしょにはたらいたり、互いにまとまった動きをしたりするのだろう？　まだ確かなことはわかっていない。とはいえ、最近の研究はなかなかおもしろい仮説を立てている。

根系は物理的なネットワークである。つまり、根と根は解剖学的につながっている。ただ、このつながりは、とくに重要ではないらしい。植物の体のなかに、根どうしのコミュニケーションを可能にする信号が流れていないのは、かなり確かなようだ。でも、根を流れる信号なしでコミュニケーションできるということがありえるのだろうか？

ふたたび根端をコロニーの昆虫と比較してみよう。アリは、アリどうしで物理的につながっているわけではない。化学物質の信号のおかげで、秩序立った行動ができるのだ。もしかすると、根も同じようなやり方で行動しているのだろうか？

植物は、さまざまな機能をもつ多様な化学物質を製造する技術にかけては、超一流のプロといえる。だから、植物の地下部分が地上部分と同じように、互いにコミュニケーションをとるために、土のなかを通る化学物質の信号を発していたとしても不思議ではない。

とはいえ、これはまだ仮説の段階だ。そこで、べつの可能性も考えておく必要があるだろう。たとえば、根端は、電磁場に敏感なのかもしれない。すぐそばのべつの根が作り出す電磁場を感じ、その結果、秩序立った行動をとることができるのかもしれない。それとも、伸びるほかの根が出す音を聞いているのかもしれない。すでに第３章で見たように、ごく最近の研究によれば、根が成長するときには「カチッ」というマウスのクリック音に似た音が出ている。その音を、近くの根端が知覚しているのかもしれない。もしそうなら、なんとも便利なコミュニケーションシステムだ。すでに見たように、この音は、植物がわざわざ出しているものではなく、根が伸びるときに細胞壁が壊れる音らしい。もし本当にこの音でコミュニケーションをとっているのなら、安上がりというものだ。とくに努力する必要がなく、信号を作るためのエネルギーもいらないからだ。

群れとしての生命体

鳥の群れが飛んでいるところを思い描いてみよう。春の夕暮れの空を、ひとまとまりになって飛んでいく無数の鳥からなる黒い雲。一九七〇年代まで、どうして鳥たちにこのような秩序立った動きができるのか謎だった。理論的には、これほど接近して飛べば、たえず互いにぶつかってしまうはずなのだ。

研究者たちはまったく手がかりがつかめず、答えを求めて真っ暗闇のなかを手探りで進んだ。鳥はテレパシー能力をもっていると主張する研究者までいた（この説は科学雑誌にも掲載された！）。実際はもっと簡単に説明がつくのだが、最近までこの謎は解明されなかった。

じつは、飛ぶ鳥の群れにおいて、それぞれの鳥はごくわずかな基本ルールを守っているだけだ。たとえば、「自分の前方の鳥と右の鳥から数センチの距離を保て」というようなルールだ。全員で組織的な飛行をするには、これだけで充分だ。たとえ数千羽からなる大編隊であっても同じである。シンプルながらも、じつに機能的なシステムだ。進化がもたらしたこの優れたシステムが、鳥の飛行にしか採用されていないわけがない。実際、根の機能についてもっとも一般的に受け入れられている理論では、根もまた鳥の群れと同じように振る舞うのではないかといわれている。

この理論によれば、それぞれの根端も、自分のそばで成長しているほかの根端から、一定の距離を保つよう注意しているという。ただそれだけで、すべての根端が秩序立って成長できるようになり、その結果、土壌をじつに効率よく探検することができる。しかも、これなら脳のような上位器官が意思決定して、それぞれの根端に仕事を命じる必要もない。植物は、知的機能を管理する特別な器官をもっていないので、群れを作るほかの多くの生物によく見られる、「分散知能」という形式を発達させた。分散知能のもとでは、生物の各個体が集まって群れを作るとき、個体そのものには存在しない性質が全体として現れる（「創発」という）。

近年、創発現象は体系的に観察、研究され、刺激的な研究結果が得られた。人間が集団を作るときにも、創発の行動が見られることがわかったのだ。よくあげられるのは、劇場内で拍手をする数千人の観客の例だ。最近の研究によれば、観客の拍手喝采は、ばらばらにはじまるが、わずか数秒後にはリズムが合い、ぴったりと音がそろうまでになるという。このリズムの一致は、もちろん無意識のもので、創発の行動の現れだ。この様子を外から観察している人は、こんな疑問をもつかもしれない。「どうして数千もの人々がきちんとそろった拍手をできるのだろう？　だれがリズムを決めているのだろう？　だれがほかの人たちに、そのリズムを知らせているのだろう？」

創発行動のモデルは、非常に込みあった歩道を互いに足を踏まずに歩く能力から、株式市場の動きにいたるまで、人間の行動の多くを説明するのに用いられている。たとえば株式市場は、世界中の各企業の価値がどれほどかを知らせ、事実上政治を支配し、私たち個人の運命にも甚大な影響を及ぼすが、グローバルな機能を管理する中央制御室のようなものは何一つ設置されてはいない。個々の投資家は、自分が株式をもっているいくつかの会社について把握し、市場のルールに従って投資を行なっているだけだ。株式市場の最終的な動向は、個々の投資家たちの相互作用だけから生じている。まさに根系の先端部やアリの群れと同じだ。個体一つひとつはたいしたことはないが、集まって群れをなすと、考えられないような大きな力を発揮するのである。

こうした創発行動に関しては、植物と動物はよく似ているが、大きなちがいもある。動物の場合は、人間、哺乳類、昆虫、鳥などの個体が多数集まることで群れが形成される。けれども植物の場合、創発行動は、植物の一個体だけでも（つまり一個体の根のあいだで）起こりうる。ようするに、植物の個体一つひとつが、一つの群れ（コロニー）なのだ！

エイリアンは私たちのすぐそばにいる

植物の知性の研究は、知性一般の研究の非常に興味深い側面に光を当てる。

遠まわしの表現はやめて、はっきりいおう。つまり、植物の知性を研究すれば、私たち人間にとって、自分たちと異なる方法で思考する生命システムを理解するのが、どれほどむずかしいことかがわかる。実際、人間は人間の知性と似た知性しか理解できないようなのだ。

同じような問題は、脳をもたない生物の知性を語るときにも明らかになる。たとえば、細菌、原生生物、カビなどだ。これらは非常にシンプルな生物であり、いくつかは単細胞ですらあるが（細菌や原生生物）、知性的な振る舞いを見せてくれる。これらの生物の体がもっと大きく、脳をもっていたなら、きっと私たちはためらうことなく知的生物とみなすにちがいない。アメーバは迷路問題を解くことができるし、粘菌は、人間が作成したどんなソフトウェアよりも効率的にテリトリーを図として描くことができる。けれども、私たちは「脳の偏見」（脳がなければ知的ではありえないという偏見）によって、植物もこれらの生物も、知能をまったくもっていないと思いこんでしまっている。そうした私たちの態度に科学的な根拠はない。昔ながらの考え方や先入観にとらわれているだけではないだろうか。植物の知性の研究が、人類の進歩にとって非常に重要なのは明らかだ。それによって、これまでとは異なる視点で、私たち人間の精神を考えることができるはずだ。

ここで一つ問いを立ててみよう。いつの日か、知的なエイリアンとコンタクトすることになったとき、いったい何が起こるだろうか？　はたして私たちは——コミュニケーションうんぬん以前に——エイリアンの知性を認識できるのだろうか？　おそらくできないだろう。人間は、自分と異なるタイプの知性を認識することはできないため、エイリアンの知性を探しているつもりが、いつのまにか、宇宙のどこかにまるで自分たち自身のような知性を延々と探し求めてしまっているのではないだろうか。もし知的なエイリアンが本当に存在するなら、私たちとはまったく異なった生物に進化しているはずだ。彼らの体の化学組成は私たちのものとはまったくちがうだろうし、私たちの生活環境とはまったく異質な環境に暮らしているだろう。

私たち人間は、進化の歴史の大部分をともに分かちあっている（細胞の活動も、生きる環境も、生きるための必要物も、たいして変わらない）植物の知性さえ認めることができないというのに、まったく異質なエイリアンの知性を認識することなどできるはずもない。次のような問いを考えてみよう。「べつの惑星、つまり私たちとはまったく異なる状況で進化した知性が、どうして私たち人間と同じく、波動現象に基づいたコミュニケーション手段を使っていなければならないというのか？」。声や音、ラジオやテレビなどによるコミュニケーションは、波の伝達に基づいている。いっぽう、植物もふくめたほかの生物は、異なるシステムを使ってコミュニケーションを行なっている。たとえば、化学物質を生成してやりとりするシステムもある。これは情報伝達に適した、非常に効果的な方法だが、このシステムについては、ほとんど何もわかっていない。私たちの暮らす地球の上で、たくさんの生物種が使っている方法だというのに！

私たちが植物の知性を異様なものとしてとらえるのは、人間よりも動きがのろく、人間にそなわっているような個々の器官を欠いているためだ。地球から何光年も離れた場所で生まれて進化したから、などという理由ではない。人間と植物は、体の構造も遺伝子も大きく異なってはいるが、それでも基本的には私たちに近い存在だ。だから植物は、知性の研究のための重要なモデルを提供してくれるはずである。さらには、地球外に異質な知性を探求する方法や道具を考えるうえでも、たいへん役に立つはずだ。

植物の睡眠

睡眠は、昔から数多くの哲学者や研究者が、その性質について研究や考察を行なってきたにもかかわらず、いまだに科学の大きな謎である。古代ギリシアの哲学者アリストテレスも、睡眠について疑問を抱いていた。

さて、眠りと目覚めについて考察されなければならないのは、次のことである。すなわち、それらは何であるのか、魂に固有なことか、体に固有なことか、それとも、両者に共通なことか、もし共通ならば、魂や体のどの部分に属すのか、どのような原因のゆえに、それらは動物に属すのか、そして、すべての動物がそれらの両方に与《あずか》っているのか、それとも、一方だけに与える動物と他方だけに与える動物がいるのだろうか、あるいは、どちらにも与らない動物と両方に与る動物がいるのだろうか。〔「眠りと目覚めについて」坂下浩司訳、『新版アリストテレス全集7』所収、岩波書店〕

アリストテレスの時代から二千三百年たった今も、これらの疑問の多くにはまだ答えがない。眠ることはなんの役に立つのか？　夢はどのようなはたらきをもっているのか？　そもそも夢とは何か？　アリストテレス以前に、古代ギリシアの哲学者であるエペソスのヘラクレイトス（紀元前五三五～四七五年）は、「人は、夜中になると自分の眼光が消えるので、灯火をつける」〔『ソクラテス以前哲学者断片集第Ⅰ分冊』内山勝利訳、岩波書店〕と述べている。この言葉は、のちに精神分析学によって、はっきりと裏づけられた。精神分析学によれば、夢は心の無意識の部分に光を当てている。現在、夢は学習と合理化のプロセスによって生じる現象で、脳のもっとも高度な機能が作り出しているものとされている。数世紀のあいだ、眠るのは人間とわずかな高等動物だけで、似たような現象が下等動物や植物に見られたとしても、それは「睡眠」とみなすことはできないと科学的には考えられてきた。こうした姿勢は知性に関する姿勢と同じで、またもや人間を虚構の首位の座に据えようとしているようだ。ところが、少しまえまで眠ることができるのは哺乳類と鳥類だけだとされていたものの、つい最近、昆虫もその仲間に加えられた。二〇〇〇年に、キイロショウジョウバエ（果実につく一般的な小さなハエ）も眠ることがわかったのだ。この発見は、動物の睡眠研究における正真正銘の革命を引き起こした。動物のなかでももっとも単純なものさえ眠るのなら、睡眠は、生命の本質的な要素の一つと認めざるをえない。

では、植物はどうなのだろう？　眠るのだろうか？　この問いは、意味がないように思えるかもしれないが、近年では興味をもつ研究者たちの数も増えている。植物の睡眠について考えることには大きな意味がある。もし、植物に知性や思考能力があるのなら、睡眠は、そうした特質と関係があるかもしれない。

すでに第1章で見たように、一七五五年にカール・フォン・リンネは、「植物の睡眠」という題名のあまり知られていない論文を書いた。それは、いくつかの植物の葉や枝が夜と昼とで異なる姿勢をとっていることに関する研究論文だ。研究のきっかけは、モンペリエ大学（フランス）の著名な植物学者フランソワ・ボワシエ・ド・ソヴァージュ・ド・ラクロワ（一七〇六～六七年）から、セイヨウミヤコグサを贈られたことだった。リンネは、この植物の開花の研究をしたいと考えた。

この繊細な植物は、地中海の岸辺から寒いウプサラ（スウェーデン）まで送られてきて、新しい気候になじむまで数か月かかった。とはいえ、温室のなかに置き、毎日欠かさず世話を続けたかいあって、五月のある朝、ついに花を咲かせた。リンネは、早朝に最初の開花を観察したあと、同じ日の午後に、ふたたび植物を観察するために温室に戻った。ところが、この植物を見て、たいへん驚いた。わずか数時間まえに咲いていたはずの黄色い可憐な花が、どこにも見当たらなかったのだ。いったい花はどこに消えてしまったのか？　翌朝、ふたたび植物を観察しに向かったリンネは、まえと同じ場所に、はじめて咲いたかのように生き生きとした花が咲いているのを見つけた。謎はすぐに解けた。リンネの目撃した現象は、現代の植物学者がいう典型的な「就眠運動」だったのだ。これは、昼と夜とで植物が葉や花の姿勢を変えることをさし、この能力は多くの植物にそなわっている。リンネが確認したケースでは、夜が近づくとセイヨウミヤコグサの広い葉が上にもちあがり、それぞれの花を包みこんでしまっていた。そのため、いくら注意深く観察しても花は見えなかったのだ。さらに花柄が少しばかり身をかがめ、小枝は地面の方向に傾いていた。リンネが「植物の睡眠」に関心をもちはじめたのは、まさにこのときだった。その後リンネは、植物の睡眠にともなう運動を観察すれば、簡単に時刻を知ることができるという「花時計」のアイデアまで思いつくことになる。

じつは、植物の概日《がいじつ》運動に関する観察がはじめて行なわれたのは、リンネの時代よりもはるか昔、古代ギリシア時代にまでさかのぼる。すでに紀元前四世紀には、アレクサンドロス大王の書記官アンドロステネスが、タマリンド〔熱帯地方原産のマメ科の植物〕の葉は昼に開き、夜は閉じることを記している。同じような観察は、さまざまな時代と場所の植物学者の著作にしばしば見られる。たとえば、一二六〇年、アルベルトゥス・マグヌス（一二〇六〜八〇年）は『植物の書（*De vegetalibus et plantis*）』のなかで、マメ科植物の羽状《うじょう》複葉〔一つの葉が、鳥の羽根状の小さな複数の葉から構成される葉〕の毎日の周期運動を記録している。また、一六八六年にジョン・レイ（一六二七〜一七〇五年）は『植物誌（*Historia plantarum*）』のなかで、昼から夜にかけての「植物の運動」現象について触れている。

昼のあいだの葉と夜のあいだの葉。左上から右下に向かって順に、マイハギ、ロータス・クレティクス、カッシア・プベスケンス、ハナセンナ、キダチタバコ、デンジソウ。

一七二九年、ジャン＝ジャック・ドルトゥス・ド・メラン（一六七八〜一七七一年）は、二十四時間周期で葉を開閉するオジギソウを研究し、この植物は葉の運動を制御する体内時計のようなものをもっているにちがいないと結論づけた。このように、リンネ以前にも、植物の睡眠は幾度となく観察されていた。とはいえ、このテーマにはじめて体系的にとりくんだのはリンネであり、その功績は称えられるべきだろう。リンネは、葉の運動の根本的な原因は温度ではなく光だと考えていたが、なぜ植物がこのような行動をとるのか説明することはなかった。リンネは、この現象を示す植物すべてを分類し、夜のあいだにとる姿勢に「植物の睡眠」という名を与えるだけにとどめたのだ。

リンネは「植物の睡眠」という言葉を、その後に続く時代のように比喩として使ったのではなく、植物のそうした運動を動物の睡眠と完全に同じ現象だと考えた。たとえば、植物も動物と同じく、夜のあいだは姿勢を変える。この動きは、とくにカシ、オリーブ、ゲッケイジュのような硬い葉では簡単には判別しがたいが、もっとやわらかな葉をもつ植物では、はっきりと確認できる。動物と同じように、植物でも夜に休息する姿勢は種によって異なる。動物の場合、カモは頭を羽の下に隠して眠り、ウシはわき腹を下にして眠り、ハリネズミはボールのように丸まって眠る。いっぽう、植物の場合、ホウレンソウは夜に葉を茎の先端の方向に向かってまっすぐに立て、ツリフネソウやインゲンは葉を下に曲げる。クローバーは、リンネの研究したセイヨウミヤコグサと同じく、花を葉で包む。ルピナスは同じマメ科だが、葉を下に垂らす。

オキザリスは、三枚のハート形の小葉で構成された葉をつけているが、主脈〔葉中心部の太い葉脈〕を中心にして葉を折りたたみ、それを葉柄《ようへい》の先端からさかさまに垂らすのだ。

このように植物が夜間にとる姿勢は多様だが、そこには一般的な法則がある。夜のあいだ、葉はかつて芽だったときにとっていたのと同じ姿勢をとる傾向があるのだ。夜、円すい形に巻く葉もあれば、扇のように折りたたまれる葉もあるし、主脈に沿って二つに折りたたまれる葉もある。でも、たいていの場合、どの葉も眠っているときには、成長の初期段階にいつもとっていた姿勢と同じ姿勢をとっているのだ。

動物と似ている点はこれだけではない。たとえば、植物は若いときにはよく眠るが、年老いていくにつれて目覚めている時間が長くなり、なかなか眠らなくなる傾向がある。この点でも、動物と（人間とも！）完全に同じだ。ある一定の段階まで成熟すれば、あまり眠らなくなり、夜の姿勢をとらなくなる植物もいる。とはいえ、夜の姿勢を引き起こす原因とはいったいなんなのだろうか？　どのような理由で、葉は昼間は開き、夜は閉じるのだろうか？　植物を眠らせたり目覚めさせたりするきっかけは、なんなのだろうか？　こうした問いには、まだ答えがない。とはいえ、今後研究が進んでいけば、睡眠研究のモデル生物として植物を利用できるようになるだろうし、生物にとって重要な睡眠のメカニズムと睡眠障害を研究するための生きたツールとして役に立つだろう。

おわりに

植物について考えるとき、私たちは無意識のうちに、植物に二つのレッテルを貼りつけようとする。「動かない」、それから「感覚をもたない」というレッテルだ。人間が植物の世界に対して抱いている考えの大部分は、この二つの偏見に基づいている。けれども、これらは植物の特質ではない。アリストテレスにまでさかのぼる文化的産物にすぎないのだ。それでも、その効力はいまだに続いている。古代ギリシアの哲学者で科学者でもあるアリストテレスの考えによれば、植物は動物に比べて「より低い階段」に置かれる。なぜなら、植物は「魂」を欠いているからだ。アリストテレスは、魂《プシュケー》を「起動因」、つまり運動の直接的な原因であると考えた。こうして、生物は運動能力をもっているおかげで無生物から区別されることになった。そして植物は、ほとんど動かない、もしくはまったく動かないために、生物と無生物の境界に位置するとみなされたのである〔第1章にあるように、アリストテレスはその後、「植物的魂」を認めるようになった〕。

植物は動物とまったく異なった存在であるという考えは、十四世紀の終わりになってようやく揺らぎはじめたが、今でもしぶとく世にはびこったままである。といっても現在、少なくとも科学の領域においては、植物と動物のちがいは質的なものではなく、量的なものであることが明らかになった。

動物は、植物が作り出した物質とエネルギーを利用する。そのいっぽう、植物は、太陽のエネルギーを自分の必要を満たすために利用する。つまり、動物は植物に依存しているが、植物は太陽に依存しているといえる。このことからもっと一般的な植物観が導かれ、私たちは生物圏において植物がどのような役割を担っているか理解することができる。つまり「植物は太陽と動物の世界をつなぐ媒介である」ということだ。植物――というよりも、植物にしかない細胞小器官である葉緑体――が、あらゆる生物（私たちが生命と呼ぶものすべて）の活動と、太陽系のエネルギーを生み出す中心とのつながりを作り出している。このように、植物は地球上の生命に対してあまねく作用している。動物にそんなことはできない。

植物についてのごく最近の研究によって、植物は感覚をもっていて、コミュニケーションを行ない（植物どうしや動物とのあいだで）、眠り、記憶し、ほかの種を操ることさえできるとわかった。さらに、植物はどこから見ても知的な生物だ。根には無数の司令センターがあり、たえず前線を形成しながら進んでいく。根系全体が一種の集合的な脳であり、根は成長を続けながら、栄養摂取と生存に必要な情報を獲得する分散知能として、植物の個体を導いていく。

最近の植物神経生物学の進歩によって、研究対象としての植物の扱い方が現在では変わってきている。環境から情報を入手し、予想し、共有し、処理し、利用する能力をもった生物として、植物を研究することができるようになったのだ。このすばらしい生物がどのように情報を手に入れ、それを処理し、得られたデータをどのように利用して秩序立った行動を起こすのか、それが植物神経生物学のおもなテーマである。

ここ数年、植物のコミュニケーションと社会化のシステムについての研究が進んだおかげで、これまで考えられなかったような新しい応用技術を発展させられるようになるかもしれない。すでにしばらくまえから、植物からアイデアを得たロボットの構想が語られている。ロボット工学史上、人間型ロボット（いわゆる「アンドロイド」）と動物型ロボットのあとに続く新世代ロボット、「プラントイド」（植物型ロボット）だ。さらには、植物をベースにしたネットワークを構築するプロジェクトがすでにはじまっている。実現すれば、植物を生態学的な制御盤として利用し、インターネットを通して、根と葉からたえずモニターされる変数をリアルタイムで入手できるという。こうしたネットワークは「グリーンターネット」（Greenternet）と呼ばれている。この植物のインターネットは、いずれ私たちの日常生活の一部になるかもしれない。たとえば、有毒な雲の到来を私たちに知らせ、空気と土壌の質についての情報を提供し、雪崩《なだれ》や地震のニュースを私たちに伝えてくれるだろう。それから、植物コンピューターのアイデアも出されている。それは植物の計算能力と計算システムをベースに、新しいアルゴリズムを使用するコンピューター（非在来形コンピューティング）である。

植物は、ロボット工学や情報科学にとってアイデアの宝庫というだけではない。実際、人類が共通して抱えるさまざまな技術問題にも、数多くの革新的な解決策を提供してくれる。「バイオインスピレーション」つまり、生物の世界からヒントを得て新しい応用技術を考案することは、大昔にも行なわれていたが（レオナルド・ダ・ヴィンチは鳥の飛行にヒントを得て、飛行機械を研究した）、最近になってようやく、植物の世界にも数々のすばらしい宝物が隠されていることに、私たちははっきりと気づきはじめた。いつか、多くの難病の治療法、新しいクリーンエネルギー、革新的な素材を開発するヒント、化学や生物学の分野における未開拓の広大なフロンティアなども、植物の世界に見つけることになるだろう。

植物は、地球上の生命にとって必要不可欠な要素というだけではなく、人間への、人間の知性へのすばらしい贈り物でもあることは疑いない。私たちはその贈り物を、目を向けるに値しないものとして捨てていることが多い。たとえば、人間に知られている植物種は、地上に存在する全植物種の五〜一〇％にすぎないといわれている。でも、そのわずかな種類から、医薬品の全成分の九五％が抽出されているのだ。

毎年、まだ知られていない無数の植物種が姿を消している。つまり、人類にとってどれほど大きな価値をもっているのかわからないまま、植物の贈り物が決定的に失われていることになる。植物が感覚をもち、コミュニケーションを行ない、記憶し、学習し、問題を解決しているということがわかれば、いつか私たちは、植物は人間に近い存在だと考えることができるようになるかもしれない。さらには、植物を研究する機会が増え、より確実に植物を保護する可能性を手にできるようになるかもしれない。

一九九八年にスイス連邦議会によって設立された「ヒト以外の種の遺伝子工学に関する連邦倫理委員会」は、この数十年に集められた科学的データを検討し、二〇〇八年末に「植物に関する生命の尊厳——植物自身の利益のための植物の倫理的考察」と題された報告書を提出した。これには大きな意味がある。

生命の尊厳という人類史に残る偉大な概念を植物にあてはめるのは、むずかしいことのように思えるかもしれない。とはいえ、この報告書で植物の尊厳がとりあげられたことは、人間の利益とは無関係に植物の権利を正当化するための第一歩となるだろう。植物の尊厳という言葉が意味するのは、植物には敬意が示されなければならないこと、そして私たち人間はその義務を負っているということである。もし植物を、たんなる物体、同じプログラムをくり返し実行するだけの受動的な機械とみなしているのなら、そして、植物の唯一の存在価値は、人類の利益と必要性を満足させることにしかないと考えているのなら、植物の尊厳など、ばかげた常識はずれなもののように思えるだろう。けれども、植物が活動的で、環境への適応力をもち、主観的知覚の能力をそなえ、何よりも人間にまったく依存しない独自の生き方をしているのなら、尊厳という概念を植物に与えてもなんの問題もない。それどころか、その資格は充分すぎるほどある。

二十世紀初頭に、現代インドの優れた科学者で、インド現代史に偉大な足跡を残した人物でもあるジャガディッシュ・チャンドラ・ボース（一八五八〜一九三七年）は、植物と動物は根本的に同じであると主張した。彼は次のように記している。「これらの樹木は、われわれと同じ生命をもっており、食事をし、成長し、貧困にあえぎ、苦しみ、傷つく。盗みをはたらくこともできれば、助けあうこともできる。友情を育むこともできれば、自分の命を子どもたちのために犠牲にすることもできる」

議論が分かれる問題もまだまだ数多くあり、わかっていないことも数多く残っている。それでも、スイスの生命倫理委員会は、倫理学者、分子生物学者、ナチュラリスト、生態学者をふくめ、満場一致で合意した。「植物を好き勝手に扱ってはならないし、植物を無差別に殺すことは倫理的に正当化できない」と。

念のためにはっきりさせておくと、植物の権利を認めることとは、植物の利用を縮小したり制限したりすることを意味するわけではない。動物の尊厳を認めたからといって、動物を食物連鎖から除外したり、動物実験を禁止したりするわけではないのと同じだ。

何世紀ものあいだ、動物も理性をもたない機械とみなされてきた。数十年まえにようやく、権利、尊厳、敬意が動物に認められるようになった。動物はもはや物体ではない。この動物観の変化の結果として、ほとんどの先進国が、動物の権利を保護する法律を制定した。いっぽうで植物に対しては、そのようなものはまったく存在していない。植物の権利についての議論は、まだはじまったばかりだ。ぐずぐずしてはいられない。

訳者あとがき

「植物は知性をもっている」と言われたなら、きっと多くの人が驚くでしょう。また「そんなはずはない。確かにきれいな花は目を楽しませてくれる。でも、いったいどこに知性が見られるというのか」と反論する人も結構いるのではないでしょうか。確かに、道端に生えている草花を見ても、知性があるようには見えませんし、植物は動物に比べて圧倒的に下位の存在だというのが普通の意見だと思われます。動物と違って植物は動かないですし、私たちとコミュニケーションを取ることもできないのですから。「植物状態」という言葉も、そうした植物のイメージから生まれたものでしょう。

このような植物観に対する異議申し立てが、植物学者のステファノ・マンクーゾとサイエンス・ライターのアレッサンドラ・ヴィオラによる本書『植物は〈知性〉をもっている』です。著者は、「植物は動物よりも下位」という意見に真っ向から挑み、植物にも知性がある証拠を示し、「人間‐他の動物‐植物‐無生物」という古典的な序列を徹底的に覆していきます。動物と植物の細胞レベルでの比較や、ゾウリムシとミドリムシの優劣の対決から始まり、次々に挙げられていく植物の生態にはまったく驚かされます。動物が五つの感覚をもっているように、植物も物を見て、においを嗅ぎ、味を区別し、触られたことを認識し、音を聞くことができる。おまけに動物がもたないたくさんの感覚までもっているのです。また、一つの植物の個体内の各部でコミュニケーションを取ることができ、別の個体とも連絡し合っている。動物を上手く操って、自分の利益になるように行動させることもできる。人が花を見て美しいと感じるのも、実は人間を操って、世界に広がっていく手伝いをさせるための植物の戦略ではないかという仮説すらあるそうです（ちょっとぞっとする話です）。本書の著者は、こうした植物の優れた活動を、知性を備えている証拠とみなし、これまで植物に与えられてきた不当な評価を撤回せよと迫ります。

さらに本書では、植物を見下す人間の思い上がりや偏見がどうして生まれたのかについても触れられています。植物には知性がないと考えてしまう理由の一つとして、まず挙げられているのが、植物の体のつくりが動物と異なっているということです。特に、脳があるかないかは重大なポイントと見なされがちで（脳をもたない存在に知性があるとはなかなか考えにくいものです）、これが植物への偏見に多大な影響を及ぼしています。さらに挙げられている理由は、植物の動きが人間の知覚ではとらえられないということです。もちろん植物は動いています。茎や根は伸び、葉も生える。でもその動きはあまりにも遅く、人間の目には見えません。動かない（ように見える）という点では、石ころとなんら変わらず、そのため、私たちは無意識のうちに植物を無生物のように考えてしまうのです。現在、植物の動きは、機械でならとらえられるようになっています。茎や葉が伸びたり、花が開いたりする映像を見たことのある人もいるでしょう。それでも、植物への偏見はいまだ心に深く刻まれていて、取り去ることがなかなか難しいと著者は言います。それがなぜかについては、ぜひ本文を読んでいただきたいのですが、まだ仮説の段階とはいえ、この問いに心理学的な側面から迫る著者の視点は、なかなか面白いと思います。

このように本書は、植物の知られざる驚異の活動を紹介し、植物にも動物と同じように、いや、動物以上の優れた知性があることを示して、植物に対する私たちの見方を変えようとしています。「生物の序列の順番を変えて植物を上位に置いているだけで、結局は知性で生物の優劣を決めるという従来の考えにとらわれているのではないか」と思う人もいるかもしれませんが、けっしてそうではありません。著者は、「知性とは何か」を問い、旧来の知性概念を再考し、新しい知性のあり方をも提起しています。知性という観点から無視されてきた植物に光を当てることによって、植物をも含んだもっと広い知性概念について著者は考えているのです。

本書の原書は二〇一三年にイタリアで出版され、その刺激的な内容から大きな話題になりました。ステファノ・マンクーゾ氏はフィレンツェ大学の教授で、同大学付属の「国際植物ニューロバイオロジー研究所」の創設者であり所長でもあります。彼は、植物を動物の神経系と同じような洗練されたシステムを持つものととらえる植物ニューロバイオロジーの第一人者です。実は、この「国際植物ニューロバイオロジー研究所」は日本とも深い関わりがあります。北九州学術研究都市内に「同研究所の北九州支部」があり、「新規高輝度LED利用による省エネルギー・超高集約型植物栽培システムの開発」を行なっているからです。マンクーゾ氏自身も二〇一三年に来日し、北九州市立大学で講演を行なっています。このようにマンクーゾ氏はれっきとした研究者ですが、メディアにも精力的に登場し、一般の人に向けてわかりやすく、しかも面白く「植物の知性」について解説しているようです。例えば、インターネット上で視聴できる講演会「TEDカンファレンス」やテレビのトーク番組などで、ユーモアたっぷりの巧みな話術で会場を大いに沸かせていました。

本書の原題は*Verde Brillante: Sensibilità e intelligenza del mondo vegetale*で、「輝ける緑～植物界の感覚と知性」という意味です。二〇一五年には英語版が出版されましたが（*Brilliant Green: The Surprising History and Science of Plant Intelligence*）、その際に新たに加えられたマイケル・ポーランの序文が、この日本語版にも収録されています。ポーラン氏は、人間と植物や食との関わりなどについて書く著名なジャーナリストです。自ら料理修行をしたり、植物を育てたりと、体験に裏打ちされた彼の文章はとても説得力があります。ベストセラー作家である彼が『ニューヨーカー』誌で取り上げたことで、アメリカでも本書に大きな注目が集まっています。ちなみに先に挙げた「人間を操る植物」という仮説は、このポーラン氏によるものです。

本書の後、マンクーゾ氏は二〇一四年に*Uomini che amano le piante: Storie di scienziati del mondo* *vegetale*（植物を愛する人間〜植物界についての科学者たちの物語）を刊行しました。タイトルや概要から察するに、さまざまな植物研究者のエピソードをまとめた本のようです。

本書の翻訳にあたっては大勢の方々のお力をお借りいたしました。特に、翻訳会社リベルの皆さん、訳文にアドバイスをいただいた小都一郎様に感謝いたします。そしてNHK出版の松島倫明様、塩田知子様に、この場をお借りして心からお礼を申し上げます。

二〇一五年十月

久保耕司

植物は〈知性〉をもっている
20の感覚で思考する生命システム

2015年11月20日　第1刷発行
2024年7月15日　第16刷発行

著　者　ステファノ・マンクーゾ
　　　　アレッサンドラ・ヴィオラ

序　文　マイケル・ポーラン

訳　者　久保耕司

発行者　江口貴之

発行所　NHK出版
〒150-0042　東京都渋谷区宇田川町10－3
TEL 0570-009-321（問い合わせ）
0570-000-321（注文）
ホームページ　https://www.nhk-book.co.jp

印　刷　啓文堂／大熊整美堂

製　本　ブックアート

乱丁・落丁本はお取り替えいたします。
定価はカバーに表示してあります。

Printed in Japan
ISBN978-4-14-081691-2 C0045

訳者
久保耕司（くぼ・こうじ）
翻訳家。1967年生まれ。北海道大学卒。訳書にザッケローニ『ザッケローニの哲学』（PHP研究所）、トナーニ『モンド9』、マサーリ『世の終わりの真珠』（シーライト・パブリッシング）、パラッキーニ『プラダ 選ばれる理由』（実業之日本社）など。

協力
河野 智謙（かわの・とものり）
北九州市立大学国際環境工学部環境生命工学科教授。国際光合成産業化研究センター長。フィレンツェ大学国際植物ニューロバイオロジー研究所（LINV）北九州研究センター長。ひびきの(北九州学研都市)LEDアプリケーション創出協議会・副会長。

翻訳協力
株式会社リベル

校正
酒井清一

本文DTP
天龍社

編集協力
奥村育美

＊本文中の図版は、すべて著者ステファノ・マンクーゾ提供。

著者

ステファノ・マンクーゾ（Stefano Mancuso）

イタリア・フィレンツェ大学農学部教授、フィレンツェ農芸学会正会員。フィレンツェ大学国際植物ニューロバイオロジー研究所（LINV）の所長を務め、また「植物の信号と行動のための国際協会（International Society for Plant Signaling &Behavior）」を設立。最近のプロジェクトに、2015年ミラノ国際博覧会で注目された「クラゲ形の浮遊船（Jellyfish Barge）」がある。これは、水面に浮かんだ組み立て式の温室で、太陽光発電の海水淡水化装置を使って植物を栽培するもの。また、多数の著作があり、国際誌に250以上の研究報告が掲載された。*La Repubblica* 紙で、2012年の「私たちの生活を変えるにちがいない20人のイタリア人」のひとりに選ばれた。

アレッサンドラ・ヴィオラ（Alessandra Viola）

フリーランスの科学ジャーナリストで、さまざまな新聞や雑誌に数多くの記事を書いている。2007年にアルメネーゼ - ハーバード財団はイタリア科学ジャーナリスト協会の協力を得て、彼女の書いた記事を年間最優秀科学記事として選出し、研究奨励金を支給した。2011年にはジェノヴァ科学フェスティヴァルの司会を務める。イタリア公共放送局ＲＡＩで、ドキュメンタリー番組の監督や現地レポーター、テレビ番組やテレビアニメのシナリオライターとして活躍している。

序文執筆者

マイケル・ポーラン（Michael Pollan）

1955年ニューヨーク生まれ。ジャーナリスト。カリフォルニア大学バークレー校ジャーナリズム科教授。食、農、ガーデニングなど、人間と自然が交わる世界を書き続けている。ロイター&国際自然連合環境ジャーナリズム・グローバル賞など受賞多数。『ニューヨークタイムズマガジン』常連寄稿者。2009年『ニューズウィーク』誌「New Thought Leaders」トップ10に、2010年『タイム』誌「世界で最も影響力のある100人」に選出される。著書に全米100万部ベストセラー『雑食動物のジレンマ』（東洋経済新報社）、『欲望の植物誌』（八坂書房）など。

原 注

第 1 章

◉植物の睡眠については、以下の文献を参照。

Aristotele, *Il sonno e i sogni: Il sonno e la veglia, I sogni, La divinazione durante il sonno*, a cura di L. Repici, Marsilio, Venezia 2003.〔「睡眠と覚醒について」「夢について」「夢占いについて」『アリストテレス全集6：霊魂論／自然学小論集／気息について』岩波書店､1968年所収。または「眠りと目覚めについて」「夢について」「夢占いについて」『新版　アリストテレス全集7：魂について／自然学小論集』岩波書店、2015年所収〕

J. Ray, *Historia plantarum, species hactenus editas aliasque insuper multas noviter inventas & descriptas complectens*, Mariae Clark, London 1686-1704.

J.J. D'Ortous de Mairan,*Observation botanique. Histoire de l'Académie Royale des Sciences*, Paris 1729.

◉キイロショウジョウバエの睡眠について、くわしく知るには、以下を参照。

P.J. Shaw et al. (2000), "Correlates of Sleep and Waking in *Drosophila melanogaster*", in *Science*, 287 (5459): ,pp1834-1837.

この論文は『サイエンス』誌のインターネットサイトでも読むことができる。(http://www.sciencemag.org/content/287/5459/1834.full;DOI:10.1126/

science.287.5459.1834)

◉植物は逆立ちした人間にたとえることができるという観念の歴史については、以下を参照。

L. Repici, *Uomini capovolti. Le piante nel pensiero dei Greci*, Laterza, Bari 2000.

◉植物は基本的には動かない、もしくは不随意運動しかしないという考えは、以下の著書のおかげで完全に保留になった。

Ch. e F. Darwin, *The Power of Movement in Plants*, John Murray, London 1880.〔C･ダーウィン『植物の運動力』渡辺仁訳、森北出版、1987年〕

この著作は植物神経生物学の重要な基本文献であり、2009年にCambridge University Pressから再版された。

◉ダーウィンの息子フランシスの研究報告は『サイエンス』誌に掲載された。

F. Darwin, "The Address of the President of the British Association for the Advancement of Science", in *Science*, 18 settembre 1908, pp. 353-362.

第 2 章

◉人類が突然に絶滅するという仮説については、アラン・ワイズマンの研究が興味深い。彼は、人類絶滅後にほかの生物種がどのような行動をとるようになるのか想像して楽しんでいる。

A. Weisman, *The World Without Us*, Thomas Dunne Books, New York 2007 (http://www.worldwithoutus.com).〔アラン・ワイズマン『人類が消えた世界』鬼澤忍訳、早川書房、2008 年（文庫版は 2009 年）〕

◉ストレス軽減、回復促進、注意力向上など、心身に好影響を与える植物の効果についてのまとまった研究はまだ数が少ない。だが以下の研究が参考になる。

N. Dunnet, M. Qasim (2000), "Perceived Benefits to Human Well-Being of Urban Gardens", in *Hortecnology*, 10, pp. 40-45.

M.K. Honeyman (1991), "Vegetation and Stress: a Comparison Study of Varying Amounts of Vegetation in Countryside and Urban Scenes"in *The Role of Horticulture in Human Well-Being and Social Development: a National Symposium*, Timber Press, Portland, OR., pp.143-145.

C M. Tennessen, B. Camprich (1995), "Views to Nature: Effects on Attention", in *Journal of Environmental Psychology*, 15, pp. 77-85.

R.S. Ulrich (1984), "View through a Window May Influence Recovery from Surgery", in *Science*, 224 (4647), pp. 420-421.

S. Mancuso, S. Rizzitelli, E. Azzarello (2006), "Influence of Green Vegetation on Children's Capacity of Attention: A Case Study in Florence,

Italy" in *Advances in Horticultural Science*, 20, pp. 220-223.

第 3 章

◉肉食植物の世界についての入門書は、以下のものがある。

P. D'Amato, *The Savage Garden*, Ten Speed Press, Berkeley (CA) 1998.

◉ウツボカズラの驚異の世界については、以下の文献を参照。

Ch. Clarke, *Nepenthes of Borneo*, Natural History Publications, Kota Kinabalu, Sabah 1997.

Ch. Clarke, *Nepenthes of Sumatra and Peninsular Malaysia*, Natural History Publications, Kota Kinabalu, Sabah 2001.

◉もちろんダーウィンの食虫植物に関する著作（Ch. Darwin, *Piante insettivore*, UTET, Torino 1878）は資料として欠かせない。インターネットでも無料で読める（たとえば、http://darwin-online.org.uk）。このサイトには、オリジナルの英語版（*Insectivorous Plants*, John Murray, London 1875）もある。

◉ハエトリグサに関する最初の記述については、以下の文献を参照。

J. Ellis (1770), "Botanical Description of a New Sensitive Plant, Called *Dionoea muscipula* or, Venus's Fly-trap. A newly discovered

sensitive plants: in a letter to Sir Charles Linnaeus", in *Directions for Bringing over Seeds and Plants from the East-Indies and Other Distant Countries*, L. Davis, London, pp. 35-41.

この論文は、ダーウィンの著作と同様に、インターネットで読むことができる。以下のアドレスを参照。(http://huntbot.andrew.cmu.edu/HIBD/Departments/Library/Library-PDF/Ellis-Seeds.pdf)

◉「原肉食植物」については、以下の優れた論文を参照。

M. Chase et al. (2009), "Murderous Plants: Victorian Gothic, Darwin and Modern Insights into Vegetable Carnivory", in *Botanical Journal of the Linnean Society*, 161, pp. 329-356.

◉植物の音を発する能力については、以下の論文を参照。

M. Gagliano, S. Mancuso, D. Robert (2012), "Towards Understanding Plant Bioacoustics", in *Trends in Plants Science*, 17(6), pp. 323-325.

◉植物の「群れとしての振る舞い」の詳細については、以下の論文を参照。

M. Ciszak et al. (2012), "Swarming Behavior in the Plant Roots", in *PLoS ONE*, 7(1), e 29759 (doi:10.1371/ journal.pone.0029759).

◉地表にいる動物を、地中の特別の葉を使って狩る肉食植物が発見

されたのは、ごく最近のことである。したがって参考資料はまだ充分そろっていない。しかし、このテーマについて書かれた最初の論文は読むことができる。

C.G. Pereira et al. (2012), "Underground Leaves of Philcoxia Trap and Digest Nematodes", in *PNAS (Proceedings of the National Academy of Sciences of the United States of America*).

この論文の概要はインターネットで読める。アドレスは以下のとおり。(http://www.pnas.org/content/early/2012/01/04/1114199109.abstract)

◉ Gottlieb Haberlandt の「レンズ」理論については、以下の著作を参照。

G. Haberlandt, *Sinnesorgane im Pflanzenreich zur Perception mechanischer Reize*, Engelmann, Leipzig 1901.

この著作はすでに著作権が切れており、インターネットからダウンロードすることもできる。アドレスは以下のとおり。(http://archive.org/details/sinnesorganeimp00habegoog)

第 4 章

◉気孔の開閉については、以下の文献を参照。

D. Peak et al. (2004), "Evidence for Complex, Collective Dynamics and

Emergent, Distributed Computation in Plants", in *PNAS (Proceedings of the National Academy of Sciences of the United States of America)*, 101(4), pp. 918-922.

◉植物どうしのコミュニケーションについて、とくに親族と非親族を見分ける根の能力や、その能力に基づく行動については、以下を参照。

S. Dudley, A.L. File (2007), "Kin Recognition in an Annual Plant", in *Biology Letters*, 3, pp. 435-438.

R.M. Callaway, B.E. Mahall (2007), "Family Roots", in *Nature*, 448, pp. 145-147.

◉「シャイな樹冠」については、植物への偏見のない現代的な視点をもった基本文献として、以下のものがあげられる。

F. Hallé, Plaidoyer pour l'arbre, Actes Sud, Arles 2005.

◉ミトコンドリアの共生起源説と、高等生物の進化におけるミトコンドリアの重要性については、以下の論文が参考になる。

N. Lane, W. Martin (2010), "The Energetics of Genome Complexity", in *Nature*, 467, pp. 929-934.

J. C. Thrash et al. (2011), "Phylogenomic Evidence for a Common Ancestor of Mitochondria and the SAR11 Clade", in *Scientific Reports*, 1, p. 13 (DOI: 10.1038/srep00013).

◉草食昆虫の天敵を呼び寄せるという植物の防衛戦略については、以下を参照。

M. Dicke et al. (1999), "Jasmonic Acid and Herbivory Differentially Induce Carnivore-Attracting Plant Volatiles in Lima Bean Plants", in *Journal of Chemical Ecology*, 25, pp. 1907-1922.

◉受粉のためにコウモリを引き寄せる円形の葉については、以下を参照。

R. Simon et al. (2011), "Floral Acoustics: Conspicuous Echoes of a Dish-Shaped Leaf Attract Bat Pollinators", in *Science*, 333 (6042), pp. 631-633.

この論文の要旨を以下に引用しておこう。

昼間に開花する目にも鮮やかな多くの花は、ハチや鳥のような受粉媒介者を視覚的に魅了し、引き寄せることに役立っている。では同じようにコウモリ媒の花も、エコーロケーション〔自分で発した音や超音波の反響を受け止め、それによって周囲の状況を知ること。反響定位〕を行なう受粉媒介者を引きつけるために、信号として超音波を反響させる方法を進化させてきたのかどうか、研究が必要とされる。本稿では、つる性植物であるマルクグラウィア・エウェニアの花の上についている奇妙な皿型の葉が、受粉媒介者であるコウモリをどのように引き寄せているのかを論じる。とくにこの葉による反響は、効果的な標識

の役割を果たしている。すなわち、多方向に広がる強力な信号により、自分の位置を知らせている。行動実験によると、葉の存在によって、コウモリが花を見つけるまでの時間が半分に短縮された。

◉ハムシと、現代のアメリカでのトウモロコシの品種におけるカリオフィレンを産生する遺伝子の欠如の問題については、以下の論文を参照。

S. Rasmann et al. (2005), "Recruitment of Entomopathogenic Nematodes by Insect-Damaged Maize Roots", in *Nature*, 434, pp.732-737.

C. Schnee et al. (2006), "A Maize Terpene Synthase Contributes to a Volatile Defense Signal that Attracts Natural Enemies of Maize Herbivores", in *PNAS (Proceedings of the National Academy of Sciences of the United States of America*), 103, pp. 1129-1134.

◉トウモロコシがもともともっていた、病害虫に対して身を守るしくみは、品種改良を重ねることによって失われてしまった。そのしくみをふたたび新しい品種に組みこむために必要な遺伝子工学については、以下を参照。

J. Degenhardt et al. (2009), "Restoring a Maize Root Signal that Attracts Insect-Killing Nematodes to Control a Major Pest", in *PNAS (Proceedings of the National Academy of Sciences of the United States of America*), 106, pp. 13213-13218.

◉植物があらゆる動物を操ることができ、人間に対してもその能力を使っているという大胆な説は、以下の文献で示されている。

Michael Pollan, *The Botany of Desire: A Plant's-Eye View of the World*, Randome House, New York 2001. マイケル・ポーラン『欲望の植物誌：人をあやつる４つの植物』西田佐知子訳、八坂書房、2003 年（新装版は 2012 年)〕

◉魚類を媒介とする種子の拡散については、以下を参照。

J.T. Anderson et al. (2011), "Extremely Long-Distance Seed Dispersal by an Overfished Amazonian Frugivore", in *Proceedings of the Royal Society*, B 278, pp. 3329-3335.

◉肉食植物とオオアリのコミュニケーションについては、以下の論文を参照。

D.G.Thornham et al. (2012), "Setting the Trap: Cleaning Behaviour of *Camponotus schmitzi* Ants Increases Long-Term Capture Efficiency of their Pitcher Plant Host, *Nepenthes bicalcarata*", in *Functional Ecology*, 26, pp. 11-19.

◉オオウツボカズラは、ボルネオ島に生息するネズミとも深い友情関係にある。ネズミはオオウツボカズラから蜜をもらい、お返しに罠のなかに排便する。窒素化合物たっぷりのネズミの糞尿が、植物の栄養になるのである。これについては、以下の論文が参考

になる。

M. Greenwood et al. (2011), "Unique Resource Mutualism between the Giant Bornean Pitcher Plant, *Nepenthes rajah, and Members of a Small Mammal Community*", in *PLoS ONE*, 6(6), e 21114.

第 5 章

◉植物の睡眠については、すでに第１章でとりあげたアリストテレスの著作を参照。

Aristotele, *Il sonno e i sogni: Il sonno e la veglia, I sogni, La divinazione durante il sonno*, a cura di L. Repici, Marsilio, Venezia 2003.〔「睡眠と覚醒について」「夢について」「夢占いについて」『アリストテレス全集 6：霊魂論／自然学小論集／気息について』岩波書店、1968 年所収。または「眠りと目覚めについて」「夢について」「夢占いについて」『新版　アリストテレス全集 7：魂について／自然学小論集』岩波書店、2015 年所収〕

◉それ以外には、以下の文献が参考になる。

J. J. D'Ortous de Mairan, *Observation botanique. Histoire de l'Académie Royale des Sciences*, Paris 1729.

J. Ray, *Historia plantarum, species hactenus editas aliasque insuper multas noviter inventas & descriptas complectens*, Mariae Clark, London 1686-1704.

P.J. Shaw et al. (2000), "Correlates of Sleep and Waking in *Drosophila melanogaster*", in *Nature*, 287 (5459), pp. 1834-1837. www.sciencemag.org/content/287/5459/1834.abstract.doi: 10.1126/science.287.5459.1834.

◉能率的なネットワークを作る粘菌の能力をくわしく知るには、以下の論文が役に立つ。

A. Tero et al. (2010), "Rules for Biologically Inspired Adaptive Network Design", in *Science*, 327 (5964), pp. 439-442 (doi: 10.1126/science.1177894).

以下、この論文の要旨を引用しておく。

> 輸送ネットワークは、社会システムにも生物学的システムにも存在する。強固なネットワークを作るには、経済性、輸送効率、耐障害性〔システムに障害が発生したときに、正常な動作を保ちつづける能力〕のあいだの複雑なバランスが必要になる。生物学的ネットワークは、進化のなかでくり返される数々の厳しい淘汰によって磨かれ、最適な輸送ルートを選択する合理的な手段を生み出した。また、中央制御なしに発達した生物学的ネットワークは、たえず成長を続けるためにたやすく拡張することが可能である。本稿では、粘菌モジホコリが現実世界のネットワーク——この場合、東京の鉄道システム——に匹敵するほど効率的で、耐障害性と経済性の面で優れたネットワークを形成することを示す。適応型ネットワーク形成のために必要な基本メカニズムは、生物から着想を得た数理モデルとして表すことができ、このモデルはべつの領域でネットワークを構築するこ

とにも有用である。

◉アメーバとその迷路を解く能力については、とくに以下の論文を参照。

T. Nakagaki, H.Yamada, Á. Tóth (2000), "Maze-Solving by an Amoeboid Organism", in *Nature*, 407, p. 470 (doi:10.1038/35035159).

◉植物に使用される「知性」という用語については、以下の論文を参照。

A. Trewavas (2003), "Aspects of Plant Intelligence", in *Annals of Botany*, 92 (1), pp. 1-20.

このテーマをさらに深めたい人のために、この論文の要旨を引用しておく。

「知性」という言葉は、一般的には植物に使用されない。だが、周囲の環境の複雑な状況を巧みに計算処理する植物の能力を実際に評価したうえでそうなっているのではない。固着性の生物がもっている生活様式の1つを植物に押しつけているだけであり、ただの怠慢である。本稿では、植物の知性という論争的なテーマに関する多くの問題にとりくむ。まず、知性という言葉を植物の活動に用いるなら、植物の複雑なシグナル伝達システムや、周囲の環境のイメージを構築する識別能力と感覚能力がもっと適切に理解できるということを論じる。次に、植物がどのように計算処理を行なっているのかについて、いくつかの批判的な問いを提示する。さらには、植物の学習と記憶の研究に

向けたアプローチの考察も行なう。

同著者はべつの論文で、植物は「知的生物の原型(プロトタイプ)」とみなすべきであるという仮説を提示している。

A. Trewavas(2005), “Plant Intelligence”, in *Naturwissenschaften*, 92, pp. 401-413 (doi:10.1007/s00114-005-0014-9).

本論文の要旨を引用しておこう。

> 知的活動は、多様に変化する環境条件を生物が生きのびられるように、進化によって生じた複雑な適応現象である。自分の幸福を最大化するには、競争状態のなかでも必要資源(食料)を的確に発見する能力が必要とされる。おそらく、必要資源を探す活動において、知的活動はもっとも明確に現れる。生物学によれば、知性にふくまれるのは正確な感覚的知覚、情報処理能力、学習能力、記憶力、選択能力、最小コストで的確に資源を見つける能力、自己認識、それから予測モデルの構築に基づいた予測能力だとされる。これらすべての能力は、頻発する新しい状況のなかで問題を解決するために必要である。本稿では、各植物種がこうした知的活動の能力すべてをそなえている証拠について検討する。なおその検討は、運動ではなく、表現型可塑性〔生物個体がその形態や性質・活動などの表現型を環境条件に応じて変化させる能力のこと〕を通して行なわれる。知的活動がもつ特性の大部分は、植物が行なう必要資源の獲得競争において確認できる。そのため、植物は知的生物の原型だとみなすべきだろう。この概念は、植物のコミュニケーション、計算処理、シグナル伝達に関する研究にとって非常に有益である。

◉植物の知性というテーマについては、以下の文献も参考になる。

P. Calvo Garzón, F. Keijzer (2011), "Plants: Adaptive Behavior, Root-Brains, and Minimal Cognition", in *Adaptive Behavior*, 19, p. 155 (doi: 10.1177/1059712311409446).

この論文は「根の脳」つまり、根に置かれた司令センターについて論じているが、植物にある程度の認知能力を認めている。以下、論文の要旨を引用しておく。

> 植物の知性は、動物や人間の適応行動についての研究領域では、これまでほとんど見すごされてきた。本稿では、植物の知性を注目に値する新しい研究対象とみなし、現在進めている研究を紹介して、適応活動をより包括的に研究するうえで植物は大きな重要性を秘めていることを論じる。そのために、まずは植物における適応活動を簡単に概観し、活動する生物としての植物の概念を具体的に示す。次に、「植物の神経生物学」に注目し、根の先端には活動を制御する司令センター（根の脳）があるというダーウィンの説を再評価する。それから認知の最小形態について論じ、運動性〔生物が独自に自発的に動ける能力〕と、それに対応する感覚運動構造の所有を、最低限の認知能力がそなわっていることを示す鍵となる特徴とみなす。最後に、植物にはわずかな認知能力があると結論づけ、適応活動の研究と認知科学全般に対して、植物の知性が与える意味と挑戦のいくつかについて論じる。

◉ 1882 年 4 月 10 日、チャールズ・ダーウィンは、現在までに確認されている最後の手紙をアイオワ州テイバーカレッジの自然科

学教授ジェームス・E・トッドに書いた。植物学への情熱に突き動かされたダーウィンの人生のほとんど最後に書かれた手紙であり、内容はすべて植物についてである。短い手紙なので、参考までに全文を引用しておこう。

1882年4月10日
拝啓
見ず知らずの私が、あなたにこのようなお願いの手紙をさしあげることをお許しください。『アメリカン・ナチュラリスト』誌に掲載された、ソラヌム・ロストラトゥム〔*Solanum rostratum.* ナス科の植物。トマトダマシ〕の花に関するあなたのすばらしい論文をとても興味深く読みました。もし種子を小箱1つぶん送っていただけるなら、私はたいへん感謝いたします（この植物が一年草かどうかということも教えていただけるならありがたいことです。いつ種子を植えるべきかわかるからです)。そうしていただければ、うれしいことに私は花を観察し、実験することができます。しかし、もしあなたがご自身で実験をされるつもりであれば、もちろん種子を送らなくてかまいません。あなたの仕事の邪魔をすることは私の本意ではないからです。
私はカッシア・カマエクリスタ〔*Cassia chamaecrista.* ヤマウズラエンドウ、ツリハブソウとも。マメ科の植物〕の花の観察にもたいへん興味があります。
何年もまえに、その花を使って、あなたの論文と少しばかり似たような実験を何度か行なったことがあります。今年はべつの実験をしています。私は自分の研究について、フリッツ・ミューラー博士（ブラジル、サンタカタリーナ州ブルメナウ在住）〔ドイツの博物学者。ブラジルに移住〕に手紙を書き、異なる色をした2つの葯《やく》を作る植物では、ミツバチは2つのうちの1つの葯からしか花粉を集めないことを伝えました。ミューラー博士

にあなたの論文を送ってあげれば、彼はとても興味をもつことでしょう。記憶があいまいでまちがっているかもしれませんが、彼はコスモスについて同じテーマで論文を書いたことがあると思います。
このお手紙をさしあげたことがご迷惑でありましたなら、まことに申し訳ありません。お許しください。

敬具

チャールズ・ダーウィン

追伸
ランの受粉に関する私のささやかな本では、モルモデス・イグネア〔ラン科の植物〕の左右非対称の花について研究報告をしています。私はそれを右利きの花もしくは左利きの花と呼んでいます。

◉1つの根系がいかに巨大で複雑なのかについては、以下を参照。

H.J. Dittmer (1937), "Quantitative Study of the Roots and Root Hairs of a Winter Rye Plant (*Secale cereale*)", in *American Journal of Botany*, 24 (7), pp. 417-420.

◉根端の機能をくわしく知るには、以下の最近の研究を参照。

F. Baluska, S. Mancuso, D. Volkmann, P.W. Barlow (2010), "Root Apex Transition Zone: a Signalling-Response Nexus in the Root", in *Trends in Plant Science*, 15 (7), pp. 402-408.

◉根の電気活動についての最近の研究は、以下を参照。

E. Masi et al. (2009), "Spatiotemporal Dynamics of the Electrical Network Activity in the Root Aapex", in *PNAS (Proceedings of the National Academy of Sciences of the United States of America)*, 106 (10), pp. 4048-4053.

◉創発に関しては数多くの文献があるが、そのほとんどが重要文献といえる。この魅力的なテーマを深めるには、以下を勧める。

S. Johnson, *Emergence: the Connected Lives of Ants, Brains, Cities, and Software*, Scribner, New York 2001.〔スティーブン・ジョンソン『創発：蟻・脳・都市・ソフトウェアの自己組織化ネットワーク』山形浩生訳、ソフトバンククリエイティブ、2004年〕

S. Wolfram, *A New Kind of Science*, Wolfram media, Champaign, IL. 2002.

H.J. Morowitz, *The Emergence of Everything: How the World Became Complex*, Oxford University Press, Oxford 2002.

◉群れとしての根系の行動と創発特性については、以下の最新の研究を参照。

M. Ciszak et al. (2012), "Swarming Behavior in the Plant Roots", in *PLoS ONE*, 7(1), e 29759 (doi:10.1371/ journal.pone.0029759)

F. Baluska, S. Lev-Yadun, S. Mancuso (2010), "Swarm Intelligence in Plant Root", in *Trends in Ecology and Evolution*, 25, pp. 682-683.